U0136389

相信閱讀

Believe in Reading

CB524

盒內思考

有效創新的簡單法則

INSIDE THE BOX

A Proven System of Creativity for Breakthrough Results

德魯·博依 Drew Boyd、
傑科布·高登柏格 Jacob Goldenberg 合著
黃煜文、鄭乃甄 合譯

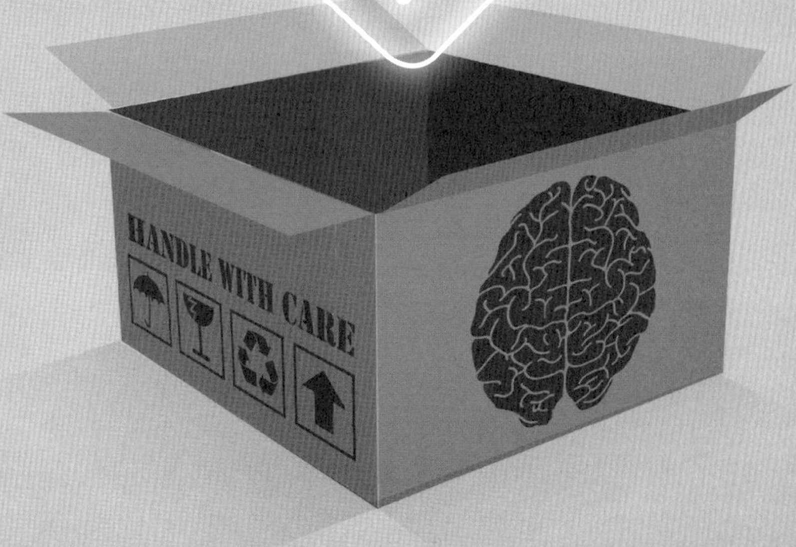

目次 CONTENTS

盒內思考

有效創新的簡單法則

Inside the Box

A Proven System of Creativity for Breakthrough Result

004 推薦序：跳進框框，以紀律尋找創新的脈絡 蕭瑞麟

011 導論

035 第一章 創意隱藏在框架內

071 第二章 簡化：少即是多

123 第三章 分割：分而治之

167 第四章 加乘：增生繁多
219 第五章 任務統合：老狗學新把戲
267 第六章 屬性相依：巧妙的關聯
311 第七章 矛盾是創意之路
357 第八章 結語
366 後記
372 致謝

推薦序

跳進框框，以紀律尋找創新的脈絡

蕭瑞麟

這本書，一看書名就知道會大賣。它要我們不用跳出盒子（jumping out of the box）也可以產生創意，而且是留在盒子裡思考就可以。作者是學者，也是實務家，據說歸納了數百個產品研發專案，而體會出五種「模板」（template）或是「基模」（archetype），讓新手照著做，便能提升創新的效率。整本書大概就是鼓吹創意要有紀律，千萬不要天馬行空出點子。

重視使用者的設計思維

這種模板式的創新工具其實行之有年，看了也不會讓人太過意外。彼得・聖吉推廣「系統性思考」時就推出了九個基模，讓讀者能更快地理解思考上的盲點。前一陣子台灣掀起了「設計思考」熱潮，大家也是一窩蜂地去學設計思考的標準流程與板式。這是好事，因為「思考」這件事終於被重視了。

以前，工程思維主導所有的創新專案，許多缺乏人文素養的工程師用自以為是的想法去設計新產品、新服務，卻帶來使用者更多的不便。設計思考、盒內思考這類書籍要我們改變思維，多多重視使用者，自然對引導正確的創新也有所助益。雖然書中並沒有特別點出「使用者」，但是這五項模板都是必須針對使用者來設計的。

重新演繹五大設計思考原則

可是，我其實不是很喜歡模板、基模這類很工具性的名詞，因為很容易誤導讀者，讓大家以為套模板下去就可以成功地創新。雖然本書作者不斷強調，「套用就能成功」，但身為本書推薦者，我要提醒讀者，千萬不要被看似簡單的公式所蒙蔽，停留在表象層次，反而忽視本書真正的精神。

我認為，本書的精華在於作者所整理出的五種創新設計原則。這五種做法提供一種沈澱的程序，讓我們的想法與創意更有紀律，引導至少五種創新產出。這五項創新思考原則到底有何神奇之處呢？讓我用另一種解讀方式來介紹其中的奧妙。

減法原則

把太多的功能簡化，讓少一點的功能去凸顯產品的特色。例如，把錄影機遙控器上的功能簡化，可以讓使用者更容易操作，製造商也能降低成本。還有，iPhone把電話的功能拿掉，變成iTouch，專門用來聽歌，就變成為另一種熱賣商品；iPhone用來取代筆記電腦，就成了iPad。簡約主義可以協助我們由原有產品中延伸出更多產品。

模組化原則

這是將產品分割成為各自獨立的功能，讓這些功能隨著使用者需要重新組合。例如，運動啞鈴可以根據使用者鍛鍊的程度來組合，將鐵板分為模組往上加。一般人學音樂往往會有恐懼感，台灣大麥音樂公司就設計出一套模組式的數位音樂，讓學員可以自行組合產生音樂，然後從做中學。這些都是以模組化來創新的原則。

相輔相成原則

讓原有功能多一些互補功能，使得使用者有買一送一的飽足感。例如，電視新聞畫面下方的跑馬燈，可以讓觀眾同時讀取最新消息，追蹤另一則新聞。將感測器同時放在冷氣機與遙控器上，可以動態地掌握使用者所在之處，調整溫度。可攜型袖珍型硬碟可以與公司裡的硬碟配合，讓檔案備份，方便於出差洽公時使用；還可以加上雲端硬碟（像是Dropbox），讓使用者可以在世界各地隨時取得檔案。運用一加一大於二的原則，可以創造更多產品。

一箭雙鵰原則

這個原則的重點是整合工作，達到一物兩用之效。例如，乳液可以有保溼與防曬兩種功能；一副眼鏡可以分為上下兩種焦距，同時可以照顧到近視與老花的需求，對四十歲以後的使用者是一大福音。這個原則也可以用到流行音樂。韓國的流行音樂團體常常就一團多用，像是Super Junior的男子團體中，原本都是以舞曲為主（主攻青少年市場），他們將擅長唱抒情歌的成立一個子團（主攻成人市場）；擅長唱情歌的組成一團（主攻熟女市場）；擅長以快歌演唱傳統歌謠的組成一團（主攻大眾市場）；擅長跳舞的團員再與其他團的舞蹈強者（如少女時代）成立另一子團，專攻高難度舞曲。

舉一反三原則

這是讓產品具有智慧功能，可以配合環境改變，例如杯子可以隨著水溫而變色，常溫時棕色，有熱水時變紅色，以提醒使用者別燙到。又如手機到了某個定點，便可以自動提供附近的餐廳資訊。還有，HTC以及華碩的手機推出一項功能，能自動刪除數位照片中不小心入鏡的路人。

先「創舊」，再創新

這五種設計原則並不是原創，我們都不陌生。但是將這五種原則串在一起，而且要我們有紀律的創新，就是功德一件。對新手來說，本書搭配這五項設計原則，提供許多豐富的例子，可以激發出更多創意。不過，還是要再次提醒，這些工具性原則必須建立在對使用者脈絡的深入了解。如果只是照本宣科套用書裡的做法，恐怕會失去作者的原意。唯有先了解使用者的行為與痛點，再設法應用這五項設計原則，才不會套出不切實際的創新，讓「盒內思考」變成瞎子摸象。

要跳出框框，首先要進入框框（紀律）。將創新建立在「創舊」的基礎上，讓思考有脈絡，才能夠將本書的五大設計原則發揮得淋漓盡致。

（本文作者為政治大學商學院教授，著有《不用數字的研究》、《科技福爾摩斯》、《科技意會》、《思考的脈絡》等學術專書。）

導論

「這麼做管用！」我對傑科布・高登柏格（Jacob Goldenberg）說，「他們使用這個方法，而且用得不錯。」傑科布是我的朋友，也是本書的共同作者。雖然這時候用Skype聯絡傑科布似乎時間晚了點，因為辛辛那提與耶路撒冷有七小時的時差，但傑科布很想知道我最新的課程狀況。傑科布與以色列同事羅尼・霍洛維茨（Roni Horowitz）以及安農・勒瓦夫（Amnon Levav）共同發展出一個新的創意方法，傳授給企業管理人員、工程師、行銷人員與世界各地的企業領袖。而我的最新課程可以實地測試這個創意方法，看看它是否如我們所相信一樣可靠無誤。

是的，這個方法沒問題，我很開心地向傑科布回報。尤其，有名學生完成了傑科布與我所期望的創意突破，如同我們一再在經驗老到的專業人士身上看到的。我交給十六歲的萊恩一支普通的手電筒，按部就班指導他，讓他循序漸進地發明出全新的東西。萊恩的發明是簡單修改手電筒的開關按鈕。他設計出一種按鈕，不僅可以用來開關電源，也可以調整手電筒的光線明暗。也許你不覺得這個發明有什麼了不起，而它也不是本書提到的觀念中最具革命性的，但是，請注意萊恩的狀況特殊。

萊恩是辛辛那提休斯中央高中的特殊教育學生。這些學生在認知與動作上有缺陷，包括自閉症與學習障礙。萊恩患有唐氏症候群。儘管他有認知缺陷，卻還是能夠學習並且成功運用本書所教導的方法，而這套方法也正為世界各地頂尖的企業與發明家所採用。

創新的方法

傳統認為，創意沒有結構，也沒有規則或模式。你必須「打破成規」，才具原創和創新。首先，你面對問題，然後天馬行空地思考，直到「天外飛來靈感」，協助你解決問題。你必須「隨性」類比一切事物，哪怕這些事物與你的產品、服務或流程毫無關聯。總之，想法愈是突兀，愈有助想出突破性的點子。

我們的想法剛好相反。我們要告訴你，在熟悉的世界「裡」（是的，在框架之「內」）使用我們所謂的「模板」（template）來思考，會產生更多的創新，不僅更快，也會更好。我們不是信口開河。傑科布、霍洛維茨、瓦勒夫與他們的顧問，也就是大衛・馬祖爾斯基（David Mazursky）與索林・索羅門（Sorin Solomon）兩位教授，在先驅研究者根里奇・阿特舒勒（Genrich Altshuller）的研究啟發下，發展出這套創意方法。阿特舒勒發現，創意的解答背後有邏輯可循，這個邏輯可以定義並且傳授他人。阿特舒勒特別關注工程解決方案的模式，傑科布與他的夥伴也因此開始思考同樣的問題：模式是否有助於產生高度創新的產品與服務。

到了一九九九年，這支團隊研究了數百項產品，想了解這些產品為什麼能與眾不同。他們的發現將讓你感到驚訝。你可能認為，富創意的嶄新產品，發展歷程必然迥異。事實上，創新的解答有共通模式，而這些模式可以構成模板，規範我們的思考，導引創造的過程，激發、而非扼殺我們的創意。

我們相信，數千年來，世界各地的發明者都在自己的發明中使用了模板而不自知。而這些模板都像ＤＮＡ般，深植於生活周遭的產品與服務裡。

令人驚訝的是，絕大多數嶄新、成功的創新產品，所根據的模板只有五種：簡化（subtraction）、分割（division）、加乘（multiplication）、任務統合（task unification）與屬性相依（attribute dependency）。這些模板構成「系統性創新思考」（Systematic Inventive Thinking, SIT）這套創新方法的基礎。SIT問世已有二十年，期間發展出各種架構，涵蓋各種與創新相關的現象。企業運用SIT在各種情況、在世界各地締造了突破性成果。本書中，我們把重點放在SIT特有的基本技術與原則。

你可能覺得「系統性創新思考」中的「系統性」三個字特別刺眼。大多數人都是如此。我們知道這聽起來似乎與直覺不符，創意怎麼會有系統？但是，創意確實是如此。SIT可以讓每個人都擁有創意。透過SIT，你可以不必依靠直覺，而是有意識地利用這些模板，創造新構想。

SIT有效嗎？世界知名的皇家飛利浦電子公司運用SIT裡的「簡化」技巧，在DVD市場掀起一場革命。還記得嗎？過去的DVD播放機，外觀和傳統錄影機一樣龐大笨重，前方的控制面板滿是令人困惑的按鈕與按鍵。飛利浦團隊運用我們的方法，研發一種由掌上型裝置控制的DVD播放機，結果製造出更輕薄短小、更便宜、更美觀也更容易使用的機種。飛利浦的解決方法重新定義了DVD市場，並且為今日的DVD播放機與其他家用電器建立了新設計標準。這只是飛利浦運用系統性創新思考所產生的一百四十九個可用觀念的其中一個。

新秀麗（Samsonite）是世界最大的旅行箱公司，它運用「任務統合」技術打進大學的背包市場。背包由於物品重量的關係（教科書、筆電等），尤其是大學生的背包，會造成背部與頸部的壓力。新秀麗不是像其他公司一樣，只在背帶加上護墊，而是反過來利用重量，讓揹的人感到舒適。它改變了背帶的形狀，使背帶剛好落在肩上的「指壓點」，讓背包的重量產生舒壓的按摩效果。背包愈重，揹的人得到的指壓力道愈強，舒壓效果愈好。

培生教育（Pearson Education）是世界知名的教育公司，它使用「加乘」技巧，為無法順利學習中學代數的學生設計一套新課程，協助他們學習這些科目。附帶一提，「加乘」技術對數學課程的增益只是巧合。培生教育也運用同樣的技術，設計出新的課程規劃有聲指南，協助教師規劃課程；此外，培生也藉此在網路上創造新的顧客服務管道。

本書會教導你如何運用我們的框架內思考方法，發展各種類型的產品、服務或流程。我們會以大量例證說明各項技術，其中包括與我們合作的客戶，也有來自世界各地的例子。

以比爾‧伏立索（Bill Frisell）為例，他從一九八〇年代晚期以來，已成為世界一流的爵士吉他手。他為人所知的是他運用了大量電子音效（簡單舉幾個例子，如延遲、失真、迴響、八度音切換與音量踏板），讓樂器創造出獨特的聲音。伏立索最喜愛的一種設計新聲音的方式，是想像吉他的六根絃只剩一根絃可以彈。他運用簡化，限制自己只彈一根絃，迫使自己用這根絃創造出更有創意的音樂。比爾‧伏立索運用框架內思考，以吉他為界限，同時去除一些關鍵元素，卻變得更有創作力。

在每個例子裡，前述五個模板不斷顯現它們確實是創新的關鍵。對系統性創新思考了解得愈多，愈能發現這五種技術可以解決困難問題，並且達成各種突破。這五種技術是：

簡化

創新的產品與服務通常是移除某些東西的成果，而這些東西過去經常被認為是產品與服務的核心。廉價航空取消機上服務。去除傳統耳機上的耳罩，就得到可以直接塞入耳朵的「耳塞式耳機」。麥克筆去除墨水裡的聚合物，筆跡就可以擦除。蘋果把受歡迎的iPhone通話功能拿掉，創造出iPod touch，推出以來，銷售達六千萬臺。

分割

許多創意產品與服務會分割出某個部分，放在其他原本認為不具生產力或不可行的使用情境中。家中的電器若能用遙控器操控，將便利許多，這就是應用「分割」技術的成果。運動啞鈴可以選擇適合個人的重量鍛鍊肌肉；印表機的墨水匣可以拆卸，易於替換。

加乘

複製產品與服務的某個部分，但略做改變，通常是改成原先認為不必要或古怪的用途。舉例來說，兒童腳踏車除了正規的兩個輪子，又在後輪兩旁各添一個較小的「訓練輪」，這樣孩子學騎腳踏車時就不用擔心摔倒。電視的「子母畫面」大受消費者歡迎，因為觀眾可以在觀看某個節目時，追蹤另一個頻道放映的內容，例如重要的體育賽事或新聞快報。

任務統合

有些創意產品與服務，將某些功能結合其他產品與服務的功能，而這些功能原先可能被視為不相關。除臭襪除了能讓腳保暖，還可以除腳臭。保溼乳液現在也增加防曬功能。廣告商多年前就在使用任務統合技術：將廣告貼在移動物體上，如計程車、大眾捷運，乃至於校車。

屬性相依

許多創新的產品與服務，結合了有兩個、甚至更多之前認為毫不相干的屬性。只要一件東西變了，另一件東西也跟著改變。今日的汽車就大量運用這種模式：雨刷的速度隨雨勢大小而增減，收音機的音量隨車速調整，頭燈在來車接近時會變暗，這只是其中幾個例子。智慧型手機可以提供餐廳資訊、附近朋友的位置，以及根據你身處的地點調整購物偏好，這些資訊都隨地理定位而變動。現在的我們很難想像，沒有這些創新，生活會變成什麼樣子，而這些創新其實都來自於屬性依附這項常見的技術。

模板為什麼重要？

且慢，這不是跟你所知的創意完全相反嗎？創意能像以下這些模板一樣簡單嗎？

一九一四年，心理學家沃夫岡・柯勒（Wolfgang Köhler）開始對黑猩猩進行一系列的研究，以了解牠們解決問題的能力。他把研究過程記錄在他的作品《猩猩的智力》（*The Mentality of Apes*）裡。在實驗中，柯勒在新生黑猩猩看到或接觸到其他的黑猩猩之前，就將牠單獨關在隔離的籠子裡。他將這隻黑猩猩取名為努埃瓦（Nueva）。

三天後，研究人員把一根小木棍放在籠子裡。好奇的努埃瓦拿起這根木棍，刮擦地面，短暫玩耍了一會兒。等到牠對木棍失去興趣，就把它扔在地上。

十分鐘後，一碗水果擺在努埃瓦的籠子外面，就在牠伸手搆不著的地方。牠伸出手，從鐵柱間的縫隙穿出去，但無論再怎麼努力，就是搆不著。牠試了又試，發出絕望的嗚咽聲。最後，努埃瓦放棄了，牠躺在地上，感到挫折而沮喪。

七分鐘後，努埃拉突然停止哀鳴。牠坐直了身子，看著木棍。然後抓起木棍，把手臂伸出籠外，用木棍伸向碗後方，把碗勾向籠子，直到手可以拿到水果為止。柯勒形容，牠的行為透露出「堅定不移的目的性」。

一小時後，柯勒又實驗一次。在第二次實驗中，努埃瓦經歷同樣的過程（一開始急切地想拿到水果，拿不到時感到挫折，因為絕望而決定放棄，但只是暫時的），但花較少時間就開始使用木棍。在接下來的幾次試驗中，努埃瓦不再感到挫折與猶豫，牠索性直接拿著木棍，等著水果碗端過來。

出生三天的努埃拉運用由來已久的創意模板創造了工具，靈長類動物，包括人類在內，使用這種模板已有數千年歷史。這個模板就是，使用身邊事物解決問題。一旦努埃拉發現這種做法的價值，牠便一再使用。

模式在我們的日常生活中扮演著核心角色，我們稱之為「習慣」。俗話說，人類是習慣的動物。習慣可以簡化生活，在面對熟悉的資訊與處境時，自然觸發熟悉的思考與行動。這是大腦面對世界的方式：把各種資訊組織成可認知的模式。這些習慣或模式使我們在起床、淋浴、吃早餐、上班之間，順利度過一天。有了習慣或模式，我們下次遇到相同資訊或類似處境時，就不需要再花相同的努力。

在大部分時間裡，我們甚至完全沒想過模式這件事，我們只是將模式套用於每天的慣例與例行公事。不過，有些模式卻會產生不同於慣例、乃至於令人驚訝的結果。我們對於能解決問題的模式總是記得特別清楚。有助於我們採取不同做事方法的模式特別有價值。我們不想忘記這些模式，所以我們找出這些模式，然後有系統地編寫成可重複實行的模式，這就叫做「模板」。你可以說，模板是有意識地反覆使用的模式，而反覆實行所獲得的結果，就跟初次使用所獲得的結果一樣新穎而跳脫陳套。

就連黑猩猩寶寶努埃瓦也會遵循模板行事，前提是牠發現這麼做可以帶來很多好處。牠使用木棍取得水果。牠的模板是「運用身邊的事物完成新任務」。事實上，猩猩很善於運用這種模板；就像努埃瓦透過直覺來掌握這個模式一樣，許多猩猩會在生活環境中持續運用各種物品，以滿足過去無法實現的目的。舉例來說，牠們會把木棍插進蟻丘裡，讓螞蟻爬上木棍，這樣牠們便能輕易食用。柯勒博士的研究顯示，猩猩不僅會尋找間接而新奇的解決方式，也會克服使用直接方式的習慣。牠們會重新建立一套思考模式，也會概括出一套可以適用於各種場景的模式。

超級巨星也用模板

但是，不要以為模板只是為了讓所有事情機械化、例行化。富有創意的人類能使用模板產生非凡的結果。一旦發現成功的模式，他們就會遵守這個模式。保羅・麥卡尼（Paul McCartney）和他的寫歌搭檔約翰・藍儂（John Lennon）是歷史上極為成功的音樂家。在某部傳記裡，保羅提到他與約翰在事業初期怎麼寫歌：「跟以往一樣，一起寫歌時，總是由約翰起頭，他只要寫下最初的旋律，整首歌就定調了：那好比是個指令，一個路標，那是整首歌的靈感來源。我討厭這麼說，不過他寫的東西就是模板。」

保羅與約翰做的事，就跟努埃瓦使用木棍一樣。他們發現成功的音樂模式，然後創造出一套複雜可反覆使用的音樂創作模板，使他們能寫出一首首暢銷歌曲。金氏世界紀錄稱麥卡尼是「史上最成功的作曲家與唱片藝術家」。他擁有史上最多的金唱片，賣出超過一億張音樂專輯與一億張單曲。

使用音樂模板的不光只是麥卡尼而已。作曲家史特拉汶斯基（Igor Stravinsky）也是一例。作家與詩人也使用模板，只是他們稱之為「格式」，如十四行詩。詩人佛洛斯特（Robert Frost）、藝術家達利（Salvador Dalí）與米開朗基羅都知道，模板可以提高他們的創意產出。推理小說家阿嘉莎・克莉絲蒂（Agatha Christie）也使用模板：發現一具死屍；偵探檢視犯罪現場，蒐集線索，偵訊嫌犯，直到最後一刻才透露殺人兇手——一個你完全未曾懷疑過的人物！一旦她心中有了情節，就以周遭世界的資訊與事實加以補綴，如地方、人物姓名等，一切都符合相同的模板。

有人認為，六十六部謀殺推理小說都使用同一個模板，內容必然呆板無趣。然而剛好相反，克莉絲蒂的模版看似局限了她，實則讓她產生更多的創意。她是史上最暢銷的小說家。

這些成就並非出於偶然。模板「限制」我們，但這種限制卻能提高我們的創意產出。阿嘉莎・克莉絲蒂的小說，情節總是非常類似。保羅・麥卡尼在自己界定的音樂結構內作曲。黑猩猩寶寶努埃瓦呢？牠沒有別的選擇，只能在鐵籠子裡發揮創意。牠的確是在「盒子內」發明解決的方法。

為什麼大多數人都不知道有模板這種東西？或許因為有創意的人沒有意會到自己正在使用模板。或許他們守口如瓶，不想讓別人偷走他們的點子。畢竟，使用模板似乎會減少一個人的創意天分。無論如何，模板確實存在，沒有任何方法可以阻止他人使用這些模板。想像一下，你可以運用各個時代最能產生創意的最佳模板，構思全新的發明！

正式來說，我們把這種方法稱為「系統性創新思考」（Systematic Inventive Thinking, SIT）。但這個名字有點拗口，所以我們為它取個別名，稱之為「盒內思考法」（inside-the-box approach），又名「框架內思考法」。這套方法能讓我們在任何時刻使用現有資源創造創新的構想。沒錯！你不需要等待靈感，不需要等候繆斯女神的降臨，或仰賴某種不尋常的智慧火花來創造事物。只要遵循我們的方法，你就能隨需應變，創造出嶄新而令人振奮的事物或觀念。

封閉世界

要正確使用這些技術，必須仰賴兩個關鍵原則。首先是「封閉世界」原則。我們其實已經跟各位介紹過這個觀念：最好、最快的創新方式，就是留意現有資源。想一想：你曾聽過最聰明的構想是什麼？這個構想可能簡單到讓人無法相信，而且你可能也曾經想過。

霍洛維茨首先在他的博士研究中想出這項原則。與傑科布一樣，霍洛維茨也受到阿特舒勒的啟發，開始研究創新的解答，尋找這些解答背後的共通點。霍洛維茨的研究顯示，當我們初次聽見嶄新而創新的點子時，總覺得發生了一件美好的事。我們感到驚訝。我們說：「天啊，為什麼我沒想到呢？」這種驚訝的感受從何而來？我們總是對於眼前的想法感到驚訝，或者對於和我們當前的現實與世界觀有關的觀點感到吃驚。雖然創新與我們的世界很接近，但我們卻未能首先想出這個聰明的點子？為什麼？它明明近在眼前！是的，它就在我們身邊，它就位於特定的封閉世界裡。

你有你自己的封閉世界，也就是直接環繞在你周圍的物理空間與時間。在這個密接的空間裡，你擁有一些伸手可及的成分與元素。舉例來說，在你的封閉世界裡，你擁有這本書。你擁有一杯咖啡。或者你擁有你的狗，牠就躺在你的腳邊。想要運用我們的方法，一開始必須留意身旁這些成分與元素，因為在運用模板進行創新時，這些都是你可以使用的原料。

這個論點與我們的直覺不符，我們之前曾經提過，絕大多數人認為，跳脫目前的領域才叫做創新。強調靈光一閃或隨機性的刺激，等於要求你離開自己的封閉世界，然而，你應該做的事剛好與此相反。

黑猩猩寶寶努埃瓦在自己的身邊發現創新。興建景觀住宅落水莊（Fallingwater）的著名美國建築師弗蘭克・萊特（Frank Lloyd Wright）也是如此。他運用既有的結構、岩石、流水以及住宅周圍的元素，使其成為整個建築物的一部分。他把所有的環境元素設想成封閉世界的一環。萊特沒把岩石、流水視為障礙，反而在特定的封閉世界裡，運用由來已久的模板進行創新。

形式決定功能

第二項原則需要重新訓練你的腦子，改變已往對解決問題的看法。大多數人以為，創新是從界定清楚的問題開始，然後再試著思考解答。然而我們的方法剛好相反。我們先從抽象、概念的解答開始，然後回頭追溯要解決的問題。

因此，在創新時，我們必須學習反轉大腦平日的思考方式。

這項原則稱為「形式決定功能」（與「功能決定形式」剛好相反，後者源於建築師路易斯・蘇利文〔Louis Sullivan〕一八九六年時的名言）。一九九二年，心理學家羅納德・芬克（Ronald A. Finke）、湯瑪斯・沃德（Thomas A. Ward）與史帝芬・史密斯（Steven M. Smith）率先指出「形式決定功能」的現象。他們發現，人在創意思考時會從兩個方向中擇一：從問題到解答，或從解答到問題。他們發現，為既有的配置尋求好處（從解答開始），要比為既有的好處尋求最好的配置（從問題開始）來得容易。想像有人給你看一個奶瓶，對方告訴你，這個奶瓶的顏色會隨牛奶的溫度變化而改變。這為什麼有用？就像大多數人一樣，你馬上就會想到，這種奶瓶有助於確保嬰兒不會被過熱的牛奶燙傷。現在，想像有人問你相反的問題：我們如何確定我們不會讓過熱的牛奶燙傷嬰兒？你要花多久時間才能製造出能變化顏色的奶瓶？不靠一些技巧，你可能永遠也無法得出答案。

然而，有項SIT技術（「屬性依附」）實際上可以迫使你推導與思考這類配置。你可以運用你的知識與經驗自「配置」（能變化顏色的奶瓶）回推

「好處」。

使用這種方法有個關鍵：運用其中一項技術創造出「形式」，然後再用這個形式找出形式可以執行的「功能」。這就是「形式決定功能」。

當你從解答開始時，你將傾向於使用這種思考方向。使用我們的方法將有助於活化「形式決定功能」，並且有系統地加以運用。

街頭智慧結合學術研究

本書是合著作品，但包含了兩個完全不同的視角。一個視角來自於學術研究人員傑科布・高登柏格。傑科布是典型的「實驗室老鼠」：身為科學家，他致力於理解心靈的創新過程。他的發現構成盒內思考法的基礎。傑科布在知名的科學期刊發表研究成果，盒內思考法也因此傳布到企業界。然而到目前為止，這個方法尚未普及到一般民眾。

另一個視角來自於德魯・博依（Drew Boyd），他是企業專家，有二十五年以上領導創新的實務經驗。我們戲稱德魯是「街頭老鼠」，因為他在全球各地的會議室裡，把盒內思考法運用在實際的企業環境裡。正如傑科布精通框架內思考的理論面向，德魯則是深刻了解這套思考如何落實於日常事務。

但是，德魯可說是付出慘重的代價，才學到這個方法。他為此吃足了苦頭。

在認識傑科布前的幾個月，德魯遇到一名「創新顧問」，對方宣稱擁有獨特的工具與方法，可以創造出驚人的新產品。這聽起來理想到令人難以相信。於是，他決定進行調查。這是真的嗎？這些方法有效嗎？

德魯走訪這名創新顧問的辦公室，以找出真相。他看到的景象讓他感到吃驚。對方的辦公室充滿未來主義風格，完全不拘泥於傳統。員工看起來也毫無公司僱員的樣子，所有人都穿著設計師品牌的丹寧服飾與名牌運動鞋。他們丟著飛盤。天花板吊著腳踏車。顯然，這不是一般的辦公室，也不是尋常的公司。在這樣的地方，這些人想當然爾就是創意專家了。他們宣稱擁有一套詳盡的創新流程，輔以各式各樣高明而充滿動能的工具與方法。這些方法的命名極為出色，因此這名顧問已經將其註冊為商標。德魯感到佩服不已。如果這家公司覺得有必要保護自己的智慧財產權，那麼這套創新流程想必相當不錯。

德魯說服僱主嬌生公司（Johnson & Johnson）的主管嘗試這種方法。嬌生公司核准這項計畫，投資超過一百萬美元，讓世界各地數百名員工試試這種「創新必勝法」。

遺憾的是，幾個月後，只產生五個乏善可陳的點子。管理部門聽取簡報時，才十五分鐘，就把它們丟進垃圾桶。這項計畫宣告完全失敗。

德魯信誓旦旦地表示，他再也不會相信所謂的創新方法。這次慘痛的經驗之後，又過了幾個月，德魯在《華爾街日報》（*Wall Street Journal*）上讀到一篇書評，提到一名年輕的行銷學教授，名叫傑科布・高登柏格。書評說，「創新可以想成是一連串的模式或模板。」德魯記得他一邊讀著這段文字，一邊想著，「這是真的嗎？如果是真的，那會非常有趣。」此時，創新實驗的痛苦回憶又浮上心頭。「這種事絕不能再發生」，自從上次的創新方法以災難收場，他的腦子不斷迴盪著這句話。他決定檢視這個可能的創新方法，但會比上次更為謹慎。

然而，在了解這些模板之後，德魯相信這個方法確實很特別。他決定嘗試。他與一名嬌生公司的同事搭擋，進行測試，將這種方法運用在新的麻醉裝置原型產品。各位將在第二章讀到這場實驗的內容。

幾年後，「街頭老鼠」德魯與「實驗室老鼠」傑科布終於見面了。我們因為這次見面建立了長期關係，藉由在創新領域的所知所學，啟發了新的實驗，而新實驗也增進我們對創新的理解。九年的時間，德魯一直是傑科布在哥倫比亞大學商學院課堂邀請的講者，傑科布將他的觀念實際運用在學生身上。

在本書中，我們想掀開帷幕，揭露隱藏在你面前的有趣世界：它就位於我們習以為常的框架裡。我們要提醒各位，本書對於傳統觀點的創意抱持截然不同的看法。我們不認為創意行為是一種特出事件。我們不相信創意是與生俱來的天分，有些人有，有些人沒有。相反地，我們認為創意是一種技巧，任何人都可以學習並且精通。因此，創意與各位在商業或生活上習得的其他技巧並無不同。與其他技巧一樣，你練習得愈勤快，你的創意就愈豐富。

系統性創新思考結合了街頭智慧與科學實證知識。本書闡述我們在這兩個領域的成果。我們結合兩種觀點，給讀者實際的指導，以在日常生活中進行創新。你不需要等危機出現再來思考創意解答。藉由學習、運用系統性創新思考，你可以不斷讓自己更有創意。

為了鼓勵各位實際運用這種方法，我們提供大量例子，說明這些技巧已經運用在各行各業以及各項產品、服務與活動上。在本書的末尾，各位將會看見我們的同事，有研究人員，也有從業人員，協助塑造與改善這套方法。我們從SIT諮詢與培訓公司的團隊經驗中，蒐集實際的例證，並在此呈現。公司的團隊將這套方法傳授給世界各地的公司，使它們從自己的文化中產生創意與創新。我們將介紹幾位SIT的輔導員，他們很願意分享他們的故事。

過去，人類通常是用直覺創造傑出的創新。現在，世界上有愈來愈多的人發現，可以運用系統性的方法，重新運用這類直覺的成果，我們希望各位也加入這個行列。首先，我們會更詳細地探討封閉世界，讓各位了解它的創意力量，同時知道如何察覺這種力量，以增強你的創意。接著，你可以透過發明者、公司乃至於孩子的眼睛來學習這五項技術。你可以循序漸進運用每一項技術，並且避免常見的錯誤，這些都是我們在數百個訓練工作坊歸結出來的經驗。

然後，我們會讓各位面對最傷腦筋的場景，這是我們進行創新時經常遭遇的狀況：可怕的「矛盾」。當你必須協調兩種彼此直接對立的要素時，就會出現矛盾。如果你決定使用其中一項要素，就會讓另一項要素惡化，甚至彼此排斥。矛盾經常阻礙我們的創意產出，但我們會建議各位用不同的方式，思考這些要素，擺脫僵局，繼續前進。

本書的目標是讓每個領域的每個人都能學習這種框架內思考法，並運用於生活的各個層面，不管是個人還是工作。此外，我們希望各位能透過框架內思考，改變平日的思考方式，挖掘你想都沒想過的創新成果。

框架內思考還有一個非常神奇的效果：你愈熟悉這種思考方法，就愈能輕易運用這種方法來解決困難問題，並且在周遭世界創造出各種創新與突破。你會發現自己的眼界大開，舉目所及，莫不充滿嶄新的創意。

第一章／創意隱藏在框架內

無人星球間的虛無
我不感到懼怕。
愈接近家鄉，這種感覺愈強烈
真正讓我感到恐懼的，是我內心的荒蕪。
── 佛洛斯特〈荒蕪之地〉

一九六八年是令人難忘的一年，就在這一年，奧運場上出現了令人驚異的成積。在高海拔、氧氣稀薄的墨西哥城，鮑伯・比蒙（Bob Beamon）跳出了二十九英尺二點五英寸的佳績，打破了世界跳遠紀錄，而他也因此躋身世界最偉大的運動員之列。比蒙的紀錄比上一次的世界紀錄多了二十一又四分之三英寸，而他的紀錄維持了二十三年，一直沒有人可以超越。

比蒙精采挑戰地心引力，但這不是墨西哥城奧運會唯一的新聞。在運動場的另一個角落，一個沒沒無名的運動員締造了運動史上最戲劇化、最轟動的勝利。迪克・佛斯伯里（Dick Fosbury）在跳高比賽中以自創的背越式獲得跳高金牌，這是跳高方式上的一項驚人創新。佛斯伯里雖然未打破世界紀錄，但他的成就卻為體壇帶來了革命。不到十年的時間，幾乎所有的跳高選手都採取他的跳法，完全取代先前的跳高技巧。這個廣被接受的新方法被命名為「佛斯伯里跳躍」，也就是以它的發明者，充滿魅力、謙遜而害羞的佛斯伯里命名。

這兩個人都是傑出的典範，但卻展現截然不然的成功模式。比蒙使用傳統的技巧，推展跳遠距離的極限。他重覆使用大同小異的方法締造紀錄，是執行力的完美典範。相對於此，佛斯伯里發明新技巧，使他得以超越傳統的跳高選手。雖然卓越的表現是在任何專業領域裡獲得成功的重要條件，但在本書中，我們側重於第二種典範，點燃創意革命。

有趣的是，會議講者或是教育訓練資料經常會引用佛斯伯里跳躍的例子，他們認為，這可以佐證革命來自於框架外思考。畢竟，背越式跳法幾乎與當時的主流「俯臥式」跳法相反。採取俯臥式跳法的選手在接近橫桿時，臉部朝前跳起，肚子朝下翻過橫杆。與此相反，佛斯伯里是以身體側面接近橫杆，翻滾時是背對著橫杆。他使用的技術與之前的技術完全相反，這明顯證明佛斯伯里是框架外思考。

不可否認，這個說法言之成理；但是，傑科布與同事以電子郵件訪談佛斯伯里時，他們發現，故事真相其實更加耐人尋味。

佛斯伯里首次接觸跳高是在十歲。他在體育館裡模仿其他孩子，學會了陳舊而費力的跳高技巧，稱為「剪式」。一年後，佛斯伯里的體育老師與教練教導孩子使用古典的俯臥式跳法，又稱為「滾式」。然而，佛斯伯里在上高中之前，一直都使用剪式，這主要是因為他無法精通俯臥式跳法（三種跳高技巧如圖1.1所示）。

然而，等他上了高中，剪式當時已不是主流跳法。為了改成俯臥式跳法，佛斯伯里實際上必須重新學起。結果，他的成績遠遠落後他的對手。在極度挫折下，佛斯伯里希望教練同意讓他改回剪式，除了改善成績，也可提升自己的信心。教練雖然不看好，但也同情這名年輕運動員的挫折感，於是同意讓他放手一搏。在跳高生涯的重要關頭，佛斯伯里做的決定，不是改善俯臥式技巧，而是重拾他覺得自在的跳法，即使這種方法的效率遠不如俯臥式。

佛斯伯里決定在下次比賽嘗試舊方法。雖然感覺有點突兀，但他仍決

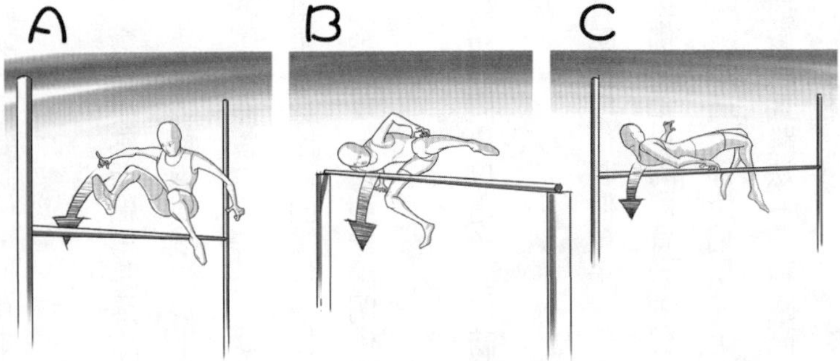

圖1.1

心這麼做，結果他跳出五英尺四英寸的成績，打破他自己以往的紀錄。但是，當他面對新的高度時，他知道自己必須在技巧上做一點變化。剪式最常見的問題就是跳高者的臀部會碰到橫杆。為了彌補這點，佛斯伯里試著抬高他的臀部，而這也迫使他在跳起的時候，必須同時放低他的肩膀。他不斷抬高臀部，跳躍的高度也順利增加了六英寸，使得他在比賽中居於第四，這已是他個人的最佳成績。沒有人發現佛斯伯里的做法，因為他改變舊技巧的過程非常緩慢，每次只改變一點點。每次嘗試跟先前只有些微不同。然而，隨著佛斯伯里逐漸一路過關斬將，其他選手的教練也察覺到，他的動作有點不太一樣。他們查了比賽規則，卻找不到任何證據證明他的混合式跳法違規。佛斯伯里不過是持續改善現有技巧。到了某個時候，他開始用背部越過橫桿，他拱起他的臀部，回復原狀時順勢踢腳過欄。

二〇〇三年，傑科布與同事對世界上幾位最優秀的運動專家做了訪談。評判結果顯示，佛斯伯里跳躍是運動史上意義最深遠的革命。佛斯伯里跳躍平均獲得五分，反觀其他發明，如塑膠跑道或運動鞋，則落後了兩分或更多（如圖1.2所示）。

創意主題的演講者以這則故事為例，說明佛斯伯里「跳出俯臥式的框架」思考。然而，檢視實際狀況，你會發現，這並非事實。佛斯伯里其實是在「剪式的框架內」思考。

封閉世界

本書將解釋系統性創新思考，也就是關於創意與創新的框架內思考。我們會指出，你在

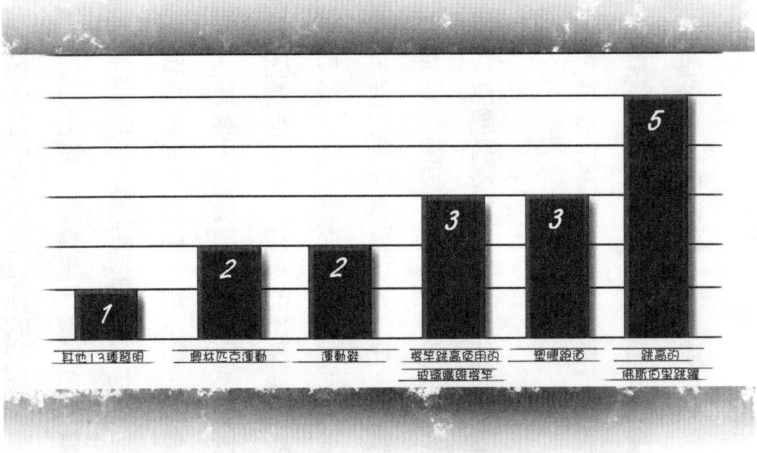

圖1.2

導論讀到的封閉世界原則（極具創意的解決問題方法，往往隱藏在既有的產品、服務或環境中，而且俯拾可得），如何與系統性創新思考相輔相成。

但是，在我們邁出第一步之前，我們要先確認你是否已經接受我們的基本前提。畢竟，我們要挑戰的是關於創意的最大迷思：創意必須在框架外思考。我們想說服你，相反的情況才是真的。創意很少透過擴展視野取得。你很可能被遙遠星系的星辰所吸引，你想出來的觀念因此與當下無關。更重要的是，視野擴大只會激發抽象思考，亦即沒有具體基礎的思考。這些構想一旦付諸實踐，在檢驗它們是否具創新特質時，往往證明是陳腐、不具創意的。有句話（你可以說它是陳腔爛調）是這麼說的，魔鬼就在細節裡。

導論提過，我們支持的是完全不同的取向。我們相信，專注某個局勢或問題的內在面向，也就是說，限制選擇，而非增加選擇，你將最具有創意。面對創意的挑戰，你應該界定一個封閉範圍，然後只專注範圍內的事物，這麼做可以讓你持續獲得創意。一味地思索高遠的事物，或者更糟的是，什麼也不想，只是坐等靈感到來，這些都無助於創意的產生。

接下來，就讓我們了解什麼是封閉世界的框架內思考。

「九個點」難題

雖然創意研究已是一門具正當性的科學學科，但仍處於萌芽階段。一九七〇年代初期，心理學家吉爾福（J. P. Guilford）是第一位大膽進行創意研究的學院研究人員。吉爾福最著名的一項研究，就是「九個點」難題，解法見圖1.3。他讓研究生解題：

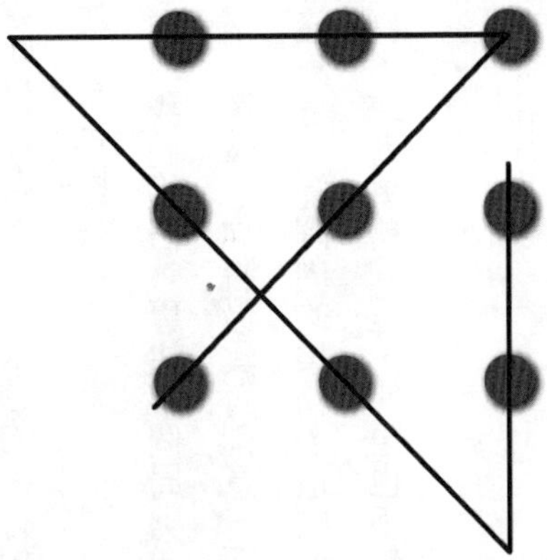

圖1.3

只用四條直線連結所有九個點，中途鉛筆不能離開紙面。今日，許多人已熟悉這道難題與解法。然而，在一九七〇年代，幾乎沒有人知道這個東西，更不曉得這個難題早已存在近一個世紀。

如果你從未看過這個難題，不妨停下來，自己先試試看。很多人想必一開始都是在一個想像的正方形裡畫線。然而，正確的解法卻是必須把線延伸到九個點界定的範圍之外。

起初，所有參與吉爾福研究的人（這當中有人最後找出了解答）都在想像的正方形裡找答案，他們的思考因此受到壓縮，想法也受到局限。即使吉爾福並未限制他們只能如此求解，但他們還是無法「看到」正方形外那一大片白色空間。只有百分之二十的人終於打破了幻覺的限制，把線畫到九個點外。

這道題的解法對稱而簡潔，而有八成的受試者受到正方形邊界蒙蔽。吉爾福與他的讀者遽下結論：創意必須跳脫框架。這個觀念就像病毒一樣快速蔓延（透過一九七〇年代的媒體，當然，還有口耳相傳）。一夜之間，創意導師如雨後春筍般出現，開班授課，教導公司主管如何跳脫框架思考。

一九七〇與八〇年代，管理顧問甚至在向潛在客戶推銷時，也會使用這道難題。從事後來看，這道難題乍看之下相當容易，客戶總是覺得自己應該想得出來，結果卻解不出來，因此他們認為自己並不如原先所想的那麼有創意或聰明，於是覺得自己需要創意專家。或者，顧問會想辦法讓客戶相信這點。

「九個點」難題與「框架外思考」成了創意的隱喻，如野火般延燒到行銷、管理、心理學、創意藝術、工程與個人發展領域。在框架外思考的大旗下，卓越見解似乎源源不斷。講者、訓練者、訓練計畫開發者、組織顧問與大學教授，每個人都大談框架外思考的廣大益處。它傳達的訊息不僅吸引人，也具有說服力。

這個概念廣受眾人歡迎，而且在直覺上也頗符合一般人的想法，因此沒有人想到要去檢驗事實。直到有兩個不同的研究團隊，重新進行實驗，以不同的研究程序處理這道難題後，才讓情況有了變化，這兩個研究團隊主持人分別是克拉克・伯恩罕（Clarke Burnham）與肯尼斯・戴維斯（Kenneth Davis），以及約瑟夫・阿爾巴（Joseph Alba）與羅伯特・魏斯伯格（Robert Weisberg）。

兩個團隊都遵守相同的規則，將參與者分成兩組。第一組接受的指示就跟吉爾福實驗的參與者一樣。第二組則已經知道，解法必須把線畫到想像的正方形之外。換言之，他們已經預先知道解題的「訣竅」。你猜，第二組參與者的正確解題率是多少？大多數人認為，已經知道訣竅的那組會有六成到九成的人輕易地解決難題。然而，實際的比例只有百分之二十五。

此外，從統計的角度來看，這百分之五的進步其實無足輕重。換言之，這個差異其實可以輕易地歸因於統計學家所說的抽樣錯誤。

讓我們更仔細地檢視這些令人驚訝的結果。要解決這個問題，需要名副其實地跳脫框架思考。但參與者即使獲得明確的指示，表現卻未有明顯提升。也就是說，直接而清楚的指示要框架外思考，幫助並不大。

事前的建議並未產生效果，所以，當我們實際解決與真實框架有關的問題時，必須放棄普遍流行（也因此更為危險）的觀念，不應該認為框架外思考可以刺激創造力。總而言之，經過一次簡單但出色的實驗之後，研究人員可以證實，框架外思考與創意之間的概念連結是一種迷思。

當然，在現實生活中，你不會看見框架。但你會發現，有無數情況似乎正等著你做出創造性的突破。而這些情況可能比你想像的來得常見。本書將提供了許多著名創新的例子，而這些創新都與某些技巧直接相關，即使這些創新的發明者並未察覺自己是這麼做的。為了證明這些技巧有多簡單，我們也會提出真實的例子，證實有人採取這種思考取向之後，在工商業領域的各個角落成功創新。

運用封閉世界，開啟創新潛能

封閉世界的基本觀念是：你要內觀，而不是外求，才能進入創意的新生地，挖掘真正富創意的觀念，不僅具原創力，而且有用。

雖然霍洛維茨早在二〇〇〇年已首次發表這個觀念，但他真正開始建構封閉世界原則卻是幾年前的事。當時，他蒐集了大量解決工程問題的方法，而他認為它們相當有創意。霍洛維茨注意到，這些觀念都符合兩個條件。首先，這些構想與過去主流的說法矛盾，也就是與一般人認為的正確做事的方法不同（第七章會再做說明，我們稱之為「矛盾」）。

其次，所有的解答都位於問題周圍相對狹小的空間裡。這就是霍洛維茨所說的，問題的「封閉世界」。他相信，這可以做為教導創意的一般方針。

在與霍洛維茨合作數年之後，加上我們近年來的研究以及SIT公司同事的實務經驗，我們有足夠的證據證明，封閉世界原則確實與所有領域的創意息息相關。以下幾個例子有助於進一步了解何謂封閉世界原則，以及你如何運用它，提升自己的創意。

沒氣的輪胎

某天晚上，大概在午夜左右，兩名年輕的航太工程師決定結束在辦公室漫長的一天，動身返家。當他們來到停車場，發現車子有個輪胎沒氣了。這兩名工程師是好朋友，一起取得科學學士學位，在同一間公司工作，喜歡一起解決問題。他們沒有想到，這個看似微不足道的事件，居然會改變他們的一生。

這部車是租來的，一早就要歸還。換輪胎對這兩名工程師不是什麼難事，但是，當其中一人要用扳手鬆開螺帽時，發現螺帽鏽蝕得非常嚴重，卡得很緊。他們試了各種方法，包括踩在扳手上面，甚至在上面跳，螺帽就是不動。一九九〇年還沒有手機這種東西，因此也沒辦法求援。而他們也不放心把車丟在空蕩蕩的停車場裡。

他們知道，要靠蠻力鬆開螺帽是不可能的，於是想了其他辦法。加長扳手的柄可以增加槓桿力，鬆開螺帽。也許加根管子就能延伸扳手柄，但他們當場找不到任何管子。他們知道，他們必須運用手邊可用的材料來解決這個問題。

在故事繼續說下去之前，請先寫下你認為可以解決這個問題的辦法。但以下這些除外，我們的工作坊的學生總是會寫出這樣的答案：

- 用手機撥打道路救援。（當時是一九九〇年，還沒有手機。）
- 利用泡沫噴霧器稍微打點氣進去。（這兩個朋友沒有這種東西。）
- 找一根金屬管子來延長扳手。（沒有這種東西。）
- 搭便車到最近的維修站。（為什麼不採用這種方法？首先，這麼做太危險，其次，因為這裡的目標是想出封閉世界的解決方法。）

這些缺乏創意的解答有個共通點：它們都與這個問題的核心無關，也就是沒氣的輪胎。你可以把這些方法視為車子「之外」的事物；它們完全與車子本身無關。

那麼，讓我們運用封閉世界原則。打個比喻就是，讓我們看看框架之內有些什麼。以這個例子來說，就是在汽車內部（而且只在汽車內部）尋找可能的解答。

一個可能的解答是把輪胎扳手的柄卡在地上，然後開動車子，讓輪胎移動，藉此鬆開螺帽。但這個辦法要先大量練習。或許比較簡單的做法是打開引擎蓋，取些油滴到螺帽上，或許能讓螺帽容易鬆脫（順帶一提，如果你想用這個方法，記得要用煞車油。煞車油耐高溫，而且處理鐵鏽較有效）。另一個運用車子本身零件的方法是用排氣管延長輪胎扳手。但我們不推薦這種做法。因為這樣需要鋼鋸鋸斷排氣管，而且排氣管的口徑顯然比扳手柄粗，兩者不可能穩固銜接。這個主意雖然不怎麼樣，但至少比使用汽車以外的東西有創意，或許也為我們開啟了一個有趣的方向。

這些構想有個共通點：它們使用的東西全來自車子「內部」，也就是車子的一部分。這些簡單的解決方法顯示，構想與材料（或「資源」）距離問題所在（更換沒氣的輪胎）的封閉世界愈近，創意程度就愈高；反之，愈遠則愈低。事實上，根據封閉世界原則，離問題愈遠，創意就愈少。

故事中的兩名工程師，有一個就是霍洛維茨。這起事件促使他寫下封閉世界原則。傑科布則是另一名工程師。當霍洛維茨大聲宣告他們眼前的問題時（「我們必須從車子裡或車子周圍找東西，來解決這個該死的螺帽」），傑科布不到一分鐘就想出了解答。解決的方法就大剌剌地擺在他們眼前，等著他們去用：那就是千斤頂。傑科布還記得他伸手去拿千斤頂時，那東西彷彿正對他微笑。

利用千斤頂施力轉動輪胎扳手是相當容易的事。千斤頂運用螺旋原理或流體力學使施力放大。它的力量很大——畢竟，它是設計來抬起車輛。因此，千斤頂很容易就能產生足夠的力量使生鏽的螺帽鬆脫，同時也能用來滿足它原始的功能。請看圖1.4，瞭解它如何運作，也許有一天你也用得上。

對傑科布與霍洛維茨來說，這是個關鍵時刻。他們清楚看見兩件事。首先，問題本身隱藏了解決辦法，只是我們通常看不出來，而一旦找出這些解答，通常都會成為一般人認為的「創意」。其次，他們打算放棄航太工程，將自己的人生投注於框架內的創意研究。

封閉世界原則的更多應用

霍洛維茨在研究創新解決方案時，把焦點放在工程問題上。他發展出一種技術，區辨封閉世界內部與外部的解決方案。

我們發現，封閉世界本身並非均質空間。想了解封閉世界，就必須朝問題的世界接近。往內觀照，而非向外觀望。描述問題空間似乎更能精確反映霍洛維茨最初的想法：在尋找解答的過程中，我們離問題的核心愈近，得出的解答就愈有創意。這是他靈光一現的時刻。

不要搞錯了：我們不是說，問題的封閉世界裡，每個單一元素都可以得出解答。我們的想法是，如果有

圖1.4

解答存在，「那麼運用封閉世界的元素得出的解答，會較有創意」。

這也導出另一個重點：封閉世界最初也最重要的目的是教導創意。它得出的解答不一定是最好的。有時候，最好的問題解答出現在框架之外。但如果你的目標是將創意予以系統化，那麼你就只能在封閉世界的限制下運作。這是我們的重點。

創意會因為有限制而強化，而非自由，認知心理學近來的研究發現已證實這點。認知心理學是心理學的分支，主要探索人類內在心智過程。這項研究也駁斥跳出框架的論點。先前我們提到的芬克、沃德與史密斯，他們在合著《創造性認知》（*Creative Cognition: Theory, Research, and Application*）中，把這種觀點稱為「限制範疇原則」（limited scope principle）。這個理論認為，把需要思考的變數從無限縮減到有限，甚至限制在一定數量之內，較容易發揮潛力，想出具有創意的解決方案。為什麼？因為限制能提升專注力，以促進創造過程。

在沒氣輪胎的例子裡，應要求為各種方法的創意排序時，絕大多數人都認為，千斤頂是最有創意的解決方案。而千斤頂顯然也非常接近問題的封閉世界。事實上，千斤頂不只是一件車內剛好有的工具而已，也是汽車更換輪胎時不可或缺的東西。要列出所有與更換輪胎有關的器具時，千斤頂也是大家絕不會忘記的配備（不過，相當有趣的是，有些人居然會忘了列備胎）。在排序時，使用車子以外的器具一般會被歸為是較無創意的做法。

或許，當我們把資源與問題世界去除到只剩下最基本的元素時，才會善加運用自己的才智。創意其實是在有限的可能中進行智性追尋，而非隨機地向外遠距跳躍。因此，我們的第一項規則就是：往內觀照！

為了更清楚認識封閉世界原則，我們從輪胎沒氣的例子繼續延伸。假設你的車子陷在墨西哥某處的沙灘上，這裡渺無人煙，你找不到人幫忙，此外，你也找不到木棍、紙或其他東西放在輪胎底下增加摩擦力。但另一方面，你卻有封閉世界原則這個幫手。首先要記住，不要驚慌：創意思考與壓力水火不容。其次，試著回想自己是否曾聽過這類問題的解決辦法，是否有哪些辦法符合日常邏輯或一般常識。如果你仍陷在沙裡，請往內觀照。觀察車子裡，在問題框架內思考，或是觀照內心。但是，不要向外尋求。不必集合大家腦力激盪，也不要運用聯想或繪製「心靈地圖」，這些都是白費力氣，而且會離你的問題愈來愈遠。當你往內觀照時，你會發現，你需要某種介面推進輪子與沙子之間。根據封閉世界原則，這東西一定在車子裡面。四處找找吧！沒錯，還真的有，就在車子地板上：腳踏墊。腳踏墊的表面粗糙，可以讓輪胎獲得足夠的摩擦力。腳踏墊也容易彎曲，可以輕易推入輪胎與沙子之間。在你順利靠著自己的力量讓車子脫困之後，你可能要換掉腳踏墊，但這應該可以算是汽車陷入沙地的附帶損害。

白板的麥克筆（傑科布的故事）

我走進教室的時候，可以感覺到一股不尋常的氣氛。學生似乎滿溢興奮與期待之情。從他們的臉可以看出，他們似乎正在盤算什麼詭計。

白板有我上一堂課留下來的圖表與方程式，我一擦白板，馬上就知道發生了什麼事。無論我怎麼用力，白板上的字就是擦不掉。顯然有人偷偷換掉了麥克筆，因此我在不知情下用了擦不掉的麥克筆。

學生仰身坐在椅子上，開心地笑著。他們談笑風生，等著看我證明系統性創新思考真的管用。這時，如果要描述教室裡的氛圍，我猜會是：「教授要出糗了！」

我決定接受這個挑戰。「好的，同學，」我堅定地說，「最糟的狀況就是我們找不到有創意的解決方案。但如果真的有，我們就必須用上一堂課學到的東西找出答案。」

首先，我要他們列舉傳統上會使用但不是很有創意的方法。

「跟工友要一點能溶解墨水的東西？」有學生這麼建議。

「對，」我回答道，我開始感到有點信心，至少有學生願意參與。

「別忘了封閉世界的概念：讓我們只在這個教室內尋找有創意的解決方式。如果我們能想出來，那麼這個方法必然會比找工友更有創意，雖然不一定更有用或更有效率。」

「我們為什麼要找一個比較沒用的做法，明明我們可以在教室外輕易得到解答，不是嗎？」有學生想知道為什麼。

「因為這堂課就是要大家只尋找有創意的解答，」我說，「讓我們把那些沒有創意的做法留在封閉世界之外。在這個例子裡，封閉世界之外指的就是教室以外。」

學生開始翻自己的包包，他們拿出去光水、香水瓶與其他含有酒精的液體（包括一罐冰啤酒）。這些東西都派不上用場，不過學生們倒是很驚訝，自己的同學居然會帶這些東西到學校來。

「看到了吧？」我微笑說。「如果你往內尋找，而非往外尋找，你發現的東西會比你想像的來得多。基於某種原因，往內尋找得到的觀念經常受到忽視。」（但是，那個帶啤酒來上課的傢伙到底是怎麼回事？）

我愈來愈有信心了，於是我接著說，「現在，讓我們看看，如果我們更仔細地觀察問題的封閉世界，我們會發現什麼。讓我們把尋找的空間縮小一點，只包括與問題的核心有關的事物，也就是白板的世界。」

大家都沉默了，但這是好現象。學生真的開始思考了。

「我們可以用擦得掉的麥克筆擦掉擦不掉的麥克筆跡，」有個學生低聲地說。「可擦式麥克筆應該有足夠的溶劑，可以溶解白板上的字跡。」為了測試，我用一般的麥克筆覆寫在白板的字跡上。然後再用板擦去擦，居然成功了。原本的字跡幾乎未留下任何痕跡。

全班一開始是驚訝，之後頓時一片歡騰。我試著不理會這些噪音，自己慢慢地把白板擦乾淨。

但是，要覆寫每個字母與數字耗時甚久。我開始想著，這樣做就好了嗎？還是說，反正我已經把這堂課的重點傳達給學生了。正想著這件事，另一個學生叫道，「嘿！我們是不是可以用擦不掉的麥克筆消除白板的字跡？」

我試了一下後發現，擦不掉的麥克筆（問題的根源）確實有足夠的溶劑可溶解字跡。在試了幾次之後，學生發現，擦不掉的麥克筆其實跟一般麥克筆一樣有效。只要在覆寫後，趁溶劑還沒揮發之前馬上擦掉，就能連同舊字跡一起去除。於是，問題的根源成為問題的解答。

這個方法並沒有比上一個方法更好，速度還是一樣慢，但更有創意，更令人驚訝，而且也更深入封閉世界。

回到課堂上，我既高興又驚訝，這個練習的效果竟會這麼好。別忘了，這件事發生在好幾年前，當時我們還沒累積足夠的封閉世界實證（藉由觀察或實驗得到的證據）。

「好的，各位，問題解決了！封閉世界不是無窮無盡，但裡頭的資源超越我們最初的想像，我們應該養成朝裡看的習慣，尤其當我們唯一的選擇局限於內部時。」

我以勝利者的姿態發表演說。「有時候，傳統解答不一定合適，有時候也不一定存在。要是工友的辦公室沒開呢？當我們需要創意解答時，往裡面看，留意我們忽略的資源，雖然在認知極具挑戰性，卻很有效。」

我鬆了一口氣，說道，「現在，有沒有人願意幫我跑一趟，向工友要點東西來清理白板？」

腦力激盪，事倍功半

接下來，讓我們從相反的視角檢視這個主題。我們要討論腦力激盪，這或許是跳脫框架創意運動所衍生最廣為人知的技巧。

腦力激盪這個巧妙的詞彙給人一種釋放出旋風般能量的意象。這種技巧很簡單，易於融入團體組織，而參與者也能從過程中得到樂趣，因此廣受歡迎。廣告公司團隊經常聚會進行腦力激盪，以想出「創意概念」或新的廣告策略；

工程師進行腦力激盪，以解決研發過程出現的障礙；就連高級主管也邀請各級員工進行腦力激盪，以想出新方法提升組織與功能。

腦力激盪這個觀念是從哪兒來的？不意外，腦力激盪源自一家必須源源不斷產生新構想與新觀念的創意機構。一九五三年，BBDO廣告公司的創立者與經理人艾歷克斯・歐斯彭（Alex Osborn）創造了這個詞彙，用來描述如何藉由鼓勵互動與團隊合作，刺激員工的創意。歐斯彭表示，腦力激盪鼓勵員工不做任何判斷，直接提出自己的想法，藉此釋放人的自然創意。他相信，一群人一起思考，要比他們各自單獨思考更有效；提出的點子愈多，無論點子有多麼離譜，在經過篩選之後，愈有機會得到好的想法。

腦力激盪的確掀起風潮，而且很快擄獲了組織、工廠與企業人士的心。隨著腦力激盪成為普遍的慣例（雖然大家採用時往往違反了它的基本規則），學者也在一九八〇年代晚期與一九九〇年代開始研究歐斯彭理論的有效性，以及哪些因素影響會腦力激盪的效果。他們研究的問題如下：最適的團隊成員人數是多少？從事腦力激盪最適的時間多長？但他們想解決的主要問題是：相較於各自獨立思考，集體腦力激盪的實際貢獻有多大？

他們很快就有了幾項重大發現：

- 集體腦力激盪與個人各自獨立思考相比，並無優勢可言。
- 集體腦力激盪想出的點子，少於個人各自獨立思考。
- 集體腦力激盪想出的點子，無論是品質還是創意都比較差。
- 集體腦力激盪的最適人數是四個，與一般認為「愈多愈好」剛好相反。

經過反覆實驗，結果都是一樣，研究人員因此堅信：並不會因為大家都擠在同一個房間裡，腦力激盪就能產生更多創意！

研究人員提出幾點理由，解釋這個結論。首先，「噪音」干擾個人思考。其次，有些人「搭便車」，完全沒有任何貢獻。第三，參與者不確定自己是否方向正確。

最重要的原因或許是害怕受到批評。雖然腦力激盪主張不批判，但參與者還是會擔心自己說出愚蠢的意見。於是，他們轉而提供瘋狂的建議，因為知道沒有人會把他們的話當真，因此也就沒有必要害怕。儘管在腦力激盪團體裡，參與者也不太願意分享可行的意見。結果，腦力激盪團體產生的淨是些極端的意見：不是平凡無奇，就是古怪冷僻，而非具原創力而切實可行的創意構想。

簡言之，五十年的充足證據顯示，儘管腦力激盪很受歡迎，卻不能真正提供創意來解決問題。管理顧問與創意專家提倡的框架外思考，也有同樣的問題。

封閉世界比外在世界更寬廣

在結束本章之前，有些人可能會擔心，封閉世界以及引導我們在框架內思考的準則必然會限制我們的選擇，而且減少解決方案數。不管怎麼說，問題內部的空間，一定小於問題外部一望無際的宇宙。因此，你可能會問，我們為什麼這麼確定封閉空間原則可以提升創意？

今日，絕大多數研究創意的學者都同意，大量的觀念與類比只會妨礙構想的形成，隨機而散漫的思考則會阻絕創意。雖然全然的自由可能在解決問題時產生很多想法，但就創意解答來說，不設限反而是阻力而非助力。人工智慧、心理學、哲學、認知科學與電腦科學的研究者瑪格莉特・波登（Margaret Boden）博士的話一語中的：「限制非但不會阻礙創意，反而能催生創意。撤除所有限制，將摧毀創意思考能力。光靠著隨機的過程，就算剛好產生某個有趣的點子，也只能一開始引人好奇，而非令人耳目一新的驚奇。」

這段話聽起來有點違反直覺，但思想過度自由會造成「觀念的無政府狀態」，以及創新的貧乏。大多數人都曾親身經歷或聽人轉述，在手邊欠缺資源的狀況下，我們仍能想出絕妙點子。很多時候，正是因為缺乏重要的物質或工具，才需要我們發揮智謀。如果你曾在紙巾上用簡潔的方式傳達複雜的觀念，或是想盡辦法拿到已經賣光的音樂會門票（買黃牛票不算），那麼你可以說是足智多謀，也就是極有效率地運用現有資源。同理，資源有限能避免觀念的無政府狀態，並把具生產力的思維投注在有限的空間裡，因為創意解答通常就藏在其中。

確實，愈是深入問題核心，能找到的構想愈少。但這些構想通常比往外尋求到的更有創意。請牢記，運用封閉世界原則，不表示不能向外在世界尋求解答。你當然可以往外尋求，也許在搜尋封閉世界之前或之後。我們強調的是，往內觀照封閉世界較有機會找到有創意的觀念。我們甚至認為，在框架外可能找不到有創意的構想。我們要再次強調，搜尋封閉世界內部不一定能得到最好的答案，但幾乎一定可以得到最有創意的答案。

總之，封閉世界是個豐富的空間，處處有驚奇，創意觀念俯拾可得。你只需要養成在框架內觀察的習慣即可。這就是本書的主旨，而我們會提出各種技巧與工具，讓讀者保持專注力與生產力，學習如何更有創意。

封閉世界與世界越野大賽（傑科布的故事）

約翰是我在哥倫比亞大學創意課程裡的一個學生，在一家製造賽車同時也參與競速的公司工作。他在課堂上聽我描述封閉世界時，差一點從位子上站起來。他在課堂上表示，賽車大獎賽的運作方式就跟封閉世界原則一樣。由於比賽規則要求駕駛在比賽期間只能以手邊擁有的一切來解決問題，因此參與比賽的團隊每個人都可說是封閉世界（也就是框架內思考）的專家。

每輛參賽車背後起碼有兩百二十人負責設計、建造與準備。但在三天賽事期間，駕駛與副駕駛必須獨力解決二十個障礙。駕駛對路面了解有限，副駕駛必須提醒駕駛哪裡有障礙，車速應該多少，以及在每個彎道要打幾檔。一旦比賽開始，駕駛與副駕駛只能運用車裡或車上的一切讓車子越過終點線。

一輛標準款渦輪增壓四輪傳動的現代（Hyundai）世界越野賽車（價值七十萬美元），配有一套基本工具組、兩公升油、一公升水、一個備胎、兩罐可口可樂與現金一百美元。兩名駕駛身著防火內衣、賽車服、安全帽、手套與鞋子。他們唯一自備的是食物與飲水。他們可以在途中停車加油，如果車子翻覆，旁觀者可以協助他們把車翻正。

比賽本身相當艱辛，無論車子或兩名駕駛做多少準備，比賽還是會出差錯。以下是大獎賽時實際出現的狀況，而駕駛又如何解決問題。你想試一下封閉世界的框架內思考嗎？在閱讀他們的解決辦法之前，你可以先寫下自己想到的方法。

問題一：河裡的石頭

車子以時速一百英里通過河流水淺處，但河床的大石頭打壞了引擎的機油箱。引擎的油漏光了，副駕駛趕緊關掉引擎，以免引擎損壞。

解答：

這個團隊將兩公升的油注入引擎，但他們必須先補好機油箱的破洞，否則油還是會漏光。這兩名有創意的駕駛利用工具組，拆掉機油箱的防護蓋，然後脫下身上的防火內衣，把內衣包在防護蓋與機油箱之間，就好像幫機油箱包尿布一樣。

問題二：壞掉的風扇

駕駛聽到怪聲，並感覺到引擎箱傳來猛烈震動。他們把車停在路邊，發現冷卻風扇有個葉片斷了。風扇因此呈現不平衡的狀況，如果他們繼續開下去，風扇遲早會故障，這將使引擎過熱並且拋錨。

解答：

在駕駛說話之前，腦筋動得快的副駕駛已經把另一個葉片也折斷，使風扇恢復平衡。車子再度繼續比賽。

問題三：散熱氣的洞

駕駛決定抄捷徑以彌補之前損失的時間，於是穿過崎嶇不平的地區。然而，途中不知被什麼東西撞擊，把散熱器撞出一個洞。駕駛趕緊關掉引擎，但所有的水都流光了。

解答：

駕駛首先要把備用的水倒進散熱器裡，但是他知道這些水終究會從洞漏出去，所以他必須拿東西插住那個洞，或者不斷為散熱器注水。這兩個人找不到東西修補破洞，但幸運的是，終點就在眼前。於是，駕駛與副駕駛輪流為散熱器注入液體：尿尿在散熱器裡。

問題四：離合器失靈

到了賽程的最後一天，離合器開始打滑。雖然終點就快到了，但經過三天的煎熬，兩人已經精疲力盡。但他們還是必須設法繼續前進。

解答：

駕駛想到，噴濺的可樂漬十分黏稠。他把車停到路邊，把雨刷水瓶裡的液體倒掉。然後他把連接水瓶與擋風玻璃的水管拔掉，讓水管口對著離合器。在此同時，副駕駛把可樂倒進雨刷水瓶裡。每當離合器開始打滑，副駕駛便拉一下雨刷噴水桿，把可樂噴到離合器上。離合器的高溫會讓可樂蒸發，變成黏稠的糖漿留在離合器上，這足以讓離合器維持五分鐘不打滑。副駕駛重複這個動作，直到車子穿過終點線為止。

你能看出以上解答的共通點嗎？是的，每項挑戰都是靠著賽車（包括隊員）這個封閉世界裡不起眼的零件解決的。

封閉世界不一定有創意（傑科布的故事）

一九九五年的電影「阿波羅十三號」所呈現的封閉世界，讓觀眾看得緊張萬分。「太空船有一整塊不見了，」吉姆・洛威爾（Jim Lovell）說道，這時太空人才發現爆炸造成的損害有多大。勤務艙的二號氧氣罐爆炸，造成一號氧氣罐損毀，而且炸掉了隔艙門。在短短三小時內，所有的氧氣儲量全部流失，連帶損失的還有水、電力與推進系統。太空人需要創造性的解決方案。

在那幕著名的「休士頓，我們有麻煩了」過後，一組工程師團隊集合起來想辦法，目標是將矩形的過濾裝置裝入圓筒狀的開口。如果做不到，指揮艙裡二氧化碳的濃度將會升高到致命的程度。組長帶了三個箱子，裡面裝的全是太空人可以在太空船裡找到的東西。「我們要想辦法讓這個東西，」他說著，手裡舉起矩形的過濾裝置，「塞進放這個東西的洞裡，」他舉起一個圓形的過濾裝置，「而我們只能用這些東西，」他說道，把箱子裡的東西全倒出來，攤在桌上。

我還記得我在看這齣電影時的興奮情緒！我低聲對女朋友安娜（現在是我太太）說，「在這種狀況下，他們想出的解決方案一定會很有創意！我們等著看吧！」我認為這是封閉世界原則的絕佳例證。畢竟，工程師與太空人沒有別的選擇，他們只能觀察太空船裡有什麼東西。他們確實身處於封閉世界。我相信我即將在安娜面前證明，我有先見之明，而她將永遠崇拜我。

但工程師想出的點子卻極為尋常。他們指示太空人用尼龍布與膠帶把兩個過濾裝置連結起來。實在太令人失望了，這個點子完全沒有創意！這說明了封閉世界還是會出現不怎麼有創意的東西。有時候，這些解答仍然是最佳解決方案，因為在功能和成本面具有優勢。但重要的是，觀察封閉世界絕對比觀察外在世界更容易產生創意，這個結論已經獲得經驗與統計的驗證。我們就是要在這個空間裡進行創意思考。往後各章將提供一些工具，以觀察框架內的世界，這個世界雖然封閉，但就我們觀察的結果，它可是一點都不小。

第二章／簡化：少即是多

減少欲望乃致富的捷徑。

—— 佩脫拉克（十四世紀義大利學者、詩人與人文主義者）

創新的實驗（德魯的故事）

「我不認為我們已經解決這件事。」麥克・古斯塔夫森（Michael Gustafson）是嬌生公司麻醉研發計畫的總經理，他對於新鎮靜劑注射系統原型的研發延宕感到憂心。古斯塔夫森的團隊已經花了兩年進行設計。儘管功能先進，但他仍覺得少了些什麼。他想增加設備的價值，並且減少使用的費用。他是否能讓顧客只負擔新設備的初始購買價格？或者，他是否能想出辦法創造源源不絕的收入？

每個人都同意，新的鎮靜劑注射設備是獨一無二的：當病人可以主導麻醉藥物的使用時，就不需要麻醉師從旁監督醫療過程，控制需要的麻醉劑量。病人手裡握著一顆球，兩耳塞著耳機。耳機不斷重複播放指示，要病人握緊小球。只要病人意識夠清醒，他就能聽到並且理解這段訊息，他會緊握小球，藉由這種方式控制自己接受的麻醉劑量。但機器也會根據病人的體重與其他要素，設定容許的劑量上限。當病人失去意識時（也就是說，當他們接受了足夠的麻醉劑量，因而昏睡時），他們的手自然會停止緊握小球。這樣就能防止發生麻醉過度的意外。機器會自動偵測麻醉過度，並自動回應狀況，停止或減少輸送麻醉劑，並指示病人深呼吸。當麻醉劑的藥效開始消失，病人再次恢復意識時，會聽見要他們緊握小球的訊息，於是他們再度緊握小球，進入無意識狀態。這個新系統稱為SEDASYS，它將是該產業最先進的麻醉機器。研發團隊這麼認為，外部的臨床顧問也同意這點。它完全不同於市面上的機器。

二〇〇二年六月，古斯塔夫森打電話給我，希望我針對這個計畫給他一點建議。我當時才剛知道一項新的創新方法，那是傑科布用他的教學所發展出來的。雖然我還沒跟他見面，但我對於他在信裡提的意見感到十分好奇。我建議古斯塔夫森，我們不如成立一個預備工作坊，利用這台麻醉原型機進行實驗。我之前引進嬌生的創新「方法」，徹頭徹尾地失敗了。因此，這一次我決定先做基本的實作測試，我不希望我的同事在尚未獲得實證之前，就投資太多時間與金錢在新理論上。古斯塔夫森同意了。

我請傑科布的夥伴勒瓦夫來到辛辛那提，與原型機研發團隊進行一日實驗。勒瓦夫是SIT的執行長。

我們找來一批工程師與行銷人員，在飯店會議室裡會商。氣氛一開始就不是很好。倒不是說實驗參與者不熱心，而是絕大多數人都抱著嘲弄的態度，有些人甚至敵視這次實驗。他們已經工作超過兩年，認為自己已經創造出最先進的原型機種，為什麼要浪費一天的時間進行「腦力激盪」？這不是一台馬上可以進入量產的機器嗎？這絕對是一台劃時代的醫療機器，為什麼要花時間再創新？團隊成員就跟絕大多數的工程師一樣，喜愛他們創新的科技，並且深信產品一定能大發利市。總經理古斯塔夫森介紹勒瓦夫與我跟大家認識，他必須確保產品能達成公司預定的財務績效。他自己對產品的市場性其實持保留態度。

在這個相對狹小的房間裡，勒瓦夫可以感覺到大家的抗拒心理。肢體語言僵硬而且帶有挑釁意味：雙手抱胸，縮緊下巴，不正眼看人。首先，他要求團隊列出原型機的主要組件；這是進行系統性創新思考技術的第一步。這個設備類似一台大型的桌上型電腦，因此它也有類似的組件：螢幕、鍵盤、機箱、中央處理器與電源供應器。根據政府的法令規定，麻醉機器必須包含備用電池，以防醫院出現全面斷電的狀況。團隊都知道這些東西是什麼。

勒瓦夫繼續下一步。把團體分成兩人一組，然後讓每組分到設備的一個組件。接著勒瓦夫投下震撼彈，他說：「你們的任務，就是重新想像，沒有了這個組件的設備，會是什麼樣子。」你可以從每個人的表情瞧出他們心裡在想什麼：這簡直是浪費時間。連我也感到懷疑，雖然我知道我們運用的是某種系統性創新思考技巧，稱之為「簡化」。

簡化是一種探索新配置的方法，也是克服挑戰、提升創新的途徑。這項技術很簡單：想像移除產品的某個組件，或者刪減某個流程，然後想像剩餘組件組成的產品模樣。這項技術的訣竅在於去除某個先前認為不可或缺的東西，也就是你認為極其必要、甚至認為產品沒有這個組件就無法運作的部分。這種做法聽起來或許不太真實，甚至瘋狂，但古斯塔夫森的團隊很快就會對這項技術的效果感到吃驚。就連我也一樣。

勒瓦夫指著第一組說，「你們兩個拿到的是螢幕。」下一組分到鍵盤，第三組分到備用電池。「下一組——」勒瓦夫話還沒說完，就被打斷。拿到備用電池的這一組工程師受夠了。他們在研究機構有更重要的事要做，他們不願再忍受這齣鬧劇。

「備用電池？你想拆掉麻醉機器的備用電池？這種機器沒有備用電池就拿

去賣，是違反聯邦法規。我們都會去坐牢！」這是真的，其他的參與者都笑了。

我坐在椅子上，全身侷促不安。我們正處於成敗的關鍵。如果我們無法立刻證明這個創新方法值得一做，那麼我們將失去這個團隊，而我也將再次失敗。我的事業不僅會陷入危機，我也會辜負朋友古斯塔夫森。

勒瓦夫堅持，「我知道這聽起來很奇怪，但我希望你們暫且聽我的，試試看這個方法。看我們的工具能不能發揮效果。」勒瓦夫帶著濃厚的以色列口音，他寧靜而自信的舉止化解了現場的緊張感。他似乎完全不把剛才的事放在心上。

工程師看看彼此，露出團結的神情。他們深信自己已經設計出地球上最先進的麻醉機器。無論從設計還是功能來看，它都完美無瑕，是麻醉機器裡的藍寶堅尼。而這所謂的創新技術即將毀了他們的創作。

「我要你們想像一個沒有備用電池的麻醉機器，」勒瓦夫下了指示，「這會有什麼好處？誰會想使用它？」勒瓦夫不打算讓他們閒著。

你幾乎可以看見工程師在腦海裡盤算著。最後，其中一名工程師說。「好吧，讓我們試試看。但是，如果這個實驗失敗，工作坊就解散，看今天能不能留點時間做點正經工作。」

勒瓦夫同意了。點子也開始紛紛出籠。勒瓦夫問，如果麻醉機器少了備用電池，它的好處是什麼？一開始有人回答是更輕、更便宜與較不複雜。「想一想，麻醉機器大部分的空間都被備用電池占去，」一名工程師說。「如果你真的移除備用電池，那麼這個設備會簡單得不可思議。」其他人也同意他的說法。他們先前從未好好地想過這點。因為電池是必要的，所以沒什麼好考慮的。但把電池從設計中移除，將會使機器更簡單、更容易製造、更方便攜帶。

勒瓦夫迅速進入下個階段。「所以，移除電池確實有實質好處。很好。」然後，他解釋說，如果我們確定，原則上移除電池有好處，那麼簡化技術將可協助我們從封閉世界裡找東西取代移除的組件。「如果取出電池，你在封閉世界裡可以用什麼取代備用電力？」他問道。

我們曾在第一章討論過，封閉世界是一個想像的時空環境，涵括所有你伸手或影響可及的元素（人與物）。使用簡化技術時，伸手可及的元素就是用來創新的素材。在這個例子裡，我們把封閉世界界定為使用麻醉機器的醫院手術房。舉例來說，你在圖2.1看見的設備與人都能供你「徵用」，以解決問題。

其中一名工程師有點遲疑地舉起手來。一開始他似乎害羞得說不出話來，但他終於講出自己的看法：「也許，你可以把機器連到手術室其他機器的備用電池上。或許像是去顫器？」每個人都轉頭看著他。他的聲音變得亢奮起來。「我們可以在麻醉機器上裝條夠長的套索，然後用合適的連接插頭接用去顫器的電力。去顫器的電力絕對夠兩台機器使用！」他拿起筆，開始在筆記本

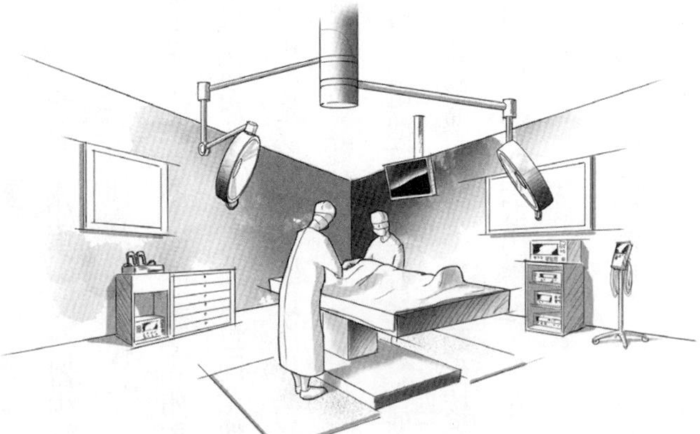

圖2.1

上畫圖。其他人回頭看著他，有些人開始點點頭。

嘗試有了成果。突然間，房間裡原本頑固的工程師，從一群一意孤行且多疑（甚至惱怒）的懷疑論者，搖身一變，成了具有凝聚力、充滿興趣而且好奇的創新者。儘管他們都是經驗老到的人，他們還是感到很驚訝，居然可以藉由連結其他機器這麼簡單的方法解決這個問題。由於所有的手術室都有去顫器（這種機器有兩個電擊板，可以電擊心跳停止的病人），因此這個解決方案完全可行。於是他們開始覺得：這套「方法論」也許真的有用。

勒瓦夫寫下所有的想法，但似乎沒有特別驚訝。「有沒有什麼有力的理由說明這麼做不可行？」他問道。在經過幾次評論與來回討論之後，基本上，備用電池小組似乎相當有信心可以做到這點。勒瓦夫於是移向下一組。「螢幕如何呢？麻醉機器移除螢幕有什麼好處？」

這兩名工程師看來對實驗興趣缺缺，但鑑於剛才的電池討論非常成功，他們也不太好意思堅持。其中一人客氣地說，「勒瓦夫，你必須了解，我們已經花了數萬美元進行市場調查，蒐集到許多『顧客的心聲』。」他又說，「不僅如此，我們的團隊相信，我們這套麻醉機器的螢幕是同等級設備中最好的。」

他在最後提出一個關鍵論點：「醫生都希望麻醉機器有螢幕。他們不信任沒有螢幕的機器。因此，我們必須要有螢幕。」勒瓦夫當下就察覺到，這句話是「固著」（fixedness）心態的表現。我們稍後將會討論這個重要現象。這個團隊已經習慣看到麻醉機器上要有螢幕，因此他們完全無法想像一台沒有螢幕的麻醉機器。

勒瓦夫坦承，工程師說的不無道理，但他還是希望他們能嘗試練習。「就像我們處理備用電池一樣，讓我們看看這個方法管不管用。不可否認，螢幕在這裡有其理由，而且是非常具說服力的理由。但是，我們還是可以稍微問問自己：製造一部完全相同的麻醉機器，只是去掉螢幕，可能有什麼好處？」

於是，他們同意思考其中的可能。「機器會比較輕、比較便宜而比較簡單。它會更方便攜帶，而且需要的電力也較少。」

房間裡一名行銷人員提出支持的理由，「沒有螢幕的話，手術室裡的醫生與其他醫療人員比較不會分心。說實在的，他們根本不需要看螢幕。」她又想了一會兒，這次她提出一個相當具挑戰性的觀念：「如果真的移除螢幕，等於在向市場釋放一個強烈的信號。」當問到她這麼說是什麼意思時，她解釋說，

「這表示我們的設備非常聰明而且符合直觀，因此不需要螢幕。醫生可以完全仰賴我們的設備，不需要看螢幕就能了解病人的狀況。沒有螢幕，反而讓我們的設備成為『智慧型麻醉機器』。這將對產業造成很大的震撼！」

許多人點頭如搗蒜。古斯塔夫森也笑了，日後他告訴我，這部分的討論激勵了大家，使得這個計畫最後採取了完全不同的路徑。光是討論螢幕與備用電池就開啟了全新的契機。

「讓我們繼續想，」勒瓦夫說。「手術室的封閉世界還有什麼可以取代螢幕功能？」

「這個簡單！」一名參與者說。「我們可以把麻醉機器上的病人資料傳到手術室的主螢幕上。醫生無論如何一定會看那個螢幕。」他指的是每個手術室都有一個螢幕，上面顯示程序的重要指標與專業化設備產生的影像。舉例來說，醫生經常使用醫療攝影機拍攝病人身體內部，然後將影像呈現在主螢幕上。

醫生可以在一個螢幕上同時觀看身體內部影像與病人的麻醉資訊（心跳、血壓等等），這的確是個劃時代的觀念。我曾經看過醫生進行幾個小時的手術，而且親眼目睹醫生不斷來回觀看不同的螢幕，這的確令人困擾。只要能簡化手術過程，一定能帶來重大效益，包括更好的醫療品質與更低的成本。

注意，我們已經從單純地思考如何改善醫療設備，進展到思考這些改變如何影響醫療進行的方式。別忘了，這些觀念全來自一個簡單的小步驟：從概念上移除設備的一些關鍵組件，而這些組件從傳統標準來看已經是接近完成，甚至可以進入生產製造的程序。

古斯塔夫森覺得很感謝。雖然他本來就希望我繼續協助調整計畫的細節部分，而且也已經同意進行系統性創新思考的實驗，但現在他對計畫的看法已有一百八十度的轉變。只經過一輪，也就是用幾個小時運用簡化技術之後，古斯塔夫森與他的團隊就獲得驚人的結論：他們不再認為他們的原型機是完美的。他們需要退後一步，再重新啟動。於是他們讓計畫回到原先的規劃階段。

這次實驗後過了兩個月，麻醉團隊開了整整五天的新產品發展工作坊，並且運用了系統性創新思考。SEDASYS麻醉系統現在已被歐洲醫界採用，而且擴及到世界各國。

從純粹個人的角度來看，我也親眼目睹了傑科布方法論的功效。如他們所言，這是一段深厚友誼的開始。

「固著」造成的盲目

簡化技術指的是移除系統（產品或過程）內的核心組件。移除的組件必須是內部組件，亦即在控制範圍內的組件。移除某個組件時，其他組件必須維持不變。這種做法乍看有點奇怪。舉例來說，想像一台沒有螢幕的電視，或是虛擬一個沒有燈絲的燈泡。為了在概念上出格，你必須承認我們都受到「固著」心態所限。「固著」指的是我們傾向用傳統方式看事情，或以傳統用法使用一件東西。

心理學家卡爾・敦克爾（Karl Duncker）曾經提出著名的蠟燭問題（圖2.2），發現了一種固著現象，他稱之為「功能固著」（Functional Fixedness）。在這場經典實驗中，敦克爾讓受試者坐在靠牆的桌子旁邊，給每個受試者一根蠟燭、一盒圖釘與一本火柴，要他們把蠟燭固定在牆上。有些受試者直接拿圖釘把蠟燭釘在牆上。有些人則把蠟燭烤融，用融化的蠟將蠟燭黏附在牆上。只有少數人想到使用圖釘盒。這些創新思考者把圖釘盒釘在牆上，此時圖釘盒就成了燭台。敦克爾發現受試者固著於圖釘盒的傳統功能，因此無法想像圖釘盒可以用來解決問題。有趣的是，在之後的實驗中，發給受試者一盒空圖釘盒，此時解決問題的人是前次（受試者拿到裝盒的圖釘）的兩倍。不知何故，在不同的脈絡下（亦即圖釘盒裡沒有裝圖釘），看到圖釘盒時竟會出現不同的想像，因此影響了解決問題的方式。

在舉辦過許多次創新工作坊

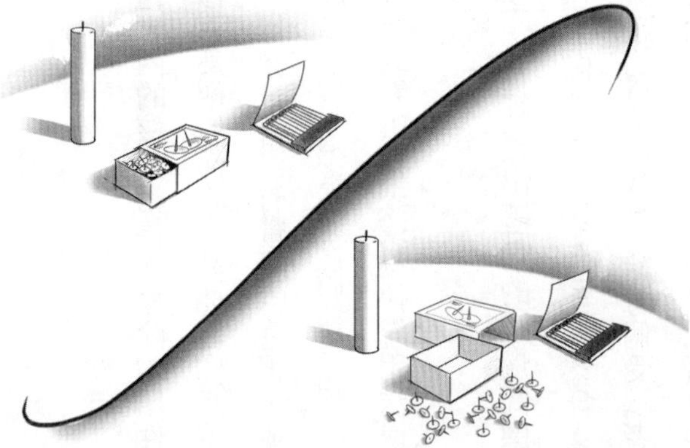

圖2.2

後，我們發現而且界定了另一種固著類型：結構固著（Structural Fixedness）。「結構固著」意指人類以整體來看事物的傾向。當事物的某個部分不見，或某個部分依附於不同地方（我們認為「錯」的地方）時，我們會覺得難以接受。

簡化帶來大驚奇

從麻醉機器的故事裡，我們可以發現，一旦組件移除，團隊會以手術室（亦即，手術室所形成的封閉世界）裡其他的物品來取代它。然而，如果你移除的不只是產品的重要部分，而是產品的核心功能呢？換言之，你進行簡化，但並未加以填補。舉例來說，把卡式錄放音機的錄音功能去除，或是把電話的撥號功能去除。瘋狂嗎？如果你知道有兩種轟動一時的產品就是這樣出現的，你就不會這麼想了。

不能錄音的錄放音機

你可能記得，在CD或是MP3播放機問世之前，人們聽音樂是使用另一種科技：卡式錄放音機。一九七九年，索尼從卡式錄放音機開發出受歡迎的隨身聽。隨身聽是個偶然的創新，事實上可以解釋成藉由簡化技術而產生的產品。井深大是索尼的共同創辦人，他想在長途飛行聽音樂，因此需要便於攜帶的卡式錄放音機。索尼的卡式錄放音機體積太龐大，無法在飛機上使用，井深大於是要求他的研發團隊設計一種可以藉由頭戴式耳機收聽但只能播放的立體音響設備。為了縮小體積，工程師把索尼傳統卡式錄放音機的擴音器與錄音設備拆掉。頭戴式耳機取代了擴音器，但是錄音功能不需找替代品，因為它完全被移除了。

井深大把原型機帶到社長盛田昭夫面前，原型機馬上深獲喜愛。於是，索尼的行銷部門進行廣泛的消費者調查，他們想知道其他人是否也喜歡隨身聽。但市場的反應令人失望。沒有人覺得自己會需要這種產品。儘管如此，盛田昭夫仍努力推動，事情發展就如我們日後所知。隨身聽在日本上市後受到熱烈迴響。索尼原本預期一個月只能售出五千台，但事實再次證明，傳統的商業思維是錯的。光是前兩個月，索尼就售出了五萬台隨身聽。隨身聽總計在全球銷售兩億台。早在蘋果推出iPod之前，索尼的隨身聽已然從根本改變人們聽音樂的方式。

不能撥號的手機

另一個移除核心功能而獲得成功的例子是摩托羅拉的芒果機。芒果機的故事說明科技簡化的產品足以一鳴驚人並締造佳績。

摩托羅拉在以色列負責行銷的副總裁創造了芒果機，以與其他降低手機價格的公司一較高下。為了縮減成本，他移除了撥號功能。沒錯，這是一支無法撥打出去的手機。它只能接電話。這樣一來，他創造了一種全新的溝通工具，可以讓市場上一部分具有特殊需要的人使用。

誰會需要這種手機呢？例如，青少年的父母。芒果機使父母的美夢成真。少了撥打功能，孩子不會讓電話帳單暴漲，但他們還是可以接電話，讓父母掌握他們的行蹤。芒果機價格不貴，因此一旦遺失或被竊，也不會造成慘重損失。此外，芒果機不需要考慮費率或每月帳單，因為它只能接電話（在以色列，撥打手機要收費，但接聽免費）。芒果機的構造實在太簡單了，因此連在超級市場都有出售。

創造這種孩子專用的手機有另外一個好處。摩托羅拉在孩子還小時就跟他們建立了關係。孩子的第一支手機是芒果機，未來他們長大之後更有可能成為摩托羅拉的忠實用戶。

喜歡芒果機的不只是親子。有許多外勤僱員的企業也很喜歡芒果機。現在，公司可以用這種單向溝通的手機，從公司打電話，聯絡業務員與快遞人員。它可以節省開銷，而且有助於公司掌握員工行蹤。顧客也比較喜歡芒果機，因為他們更願意撥電話給無法打電話給他們的號碼。

結果，芒果機橫掃市場。不到一年的時間，市場有超過百分之五的人購買了芒果機。那年，以色列的手機普及率在全世界排名第二。芒果機更入選《廣告時代》（*Advertising Age*）雜誌國際版評選一九九五年世界十二個最成功的行銷策略之一。

加一顆蛋！

一九五〇年代，通用磨坊在著名的Betty Crocker品牌下推出了蛋糕粉商品。蛋糕粉包括了所有製作蛋糕所需的乾性原料，再加上粉末形式的牛奶與蛋。你要做的就是加上水，攪拌均勻之後，用烤盤放入烤箱烘焙。對忙碌的家庭主婦來說，這項產品省時省力，而且它的配方也幾乎是零失敗率。通用磨坊推出這項商品可說是穩操勝算。

然而，人算不如天算。儘管新產品有這麼多好處，銷路卻不理想。即使有令人信任的Betty Crocker圖像加持，也無法說服主婦購買這個新商品。

事有蹊蹺，於是通用磨坊援請心理學家團隊協助調查。公司需要謹慎地籌算下一步，產品才能在市場打下一席之地。為什麼消費者抗拒它？

答案很簡單：罪惡感。心理學家的結論是，一般美國家庭主婦使用這項產品時感到為難，儘管它真的很方便。與傳統烤蛋糕相比，不但省時也省力，但主婦們因此覺得自己欺騙了丈夫，欺騙了客人。事實上，這項產品完成的蛋糕十分美味，經常讓人以為女主人花了很多工夫才完成。女性對這種不該得到的讚美感到很不自在，因此決定不買。

通用磨坊必須趕快行動。與絕大多數講究行銷的公司一樣，通用磨坊很可能想出各種因應罪惡感的方法，例如構思一系列的廣告，強調使用蛋糕粉可以節省在廚房的時間，主婦因此可以有更多餘裕做更多對家人更有價值的事。廣告會告訴大家，使用這類創新產品才是明智的家庭主婦。

然而，通用磨坊卻一反所有行銷慣例，他們修改了產品，去除原本添加的雞蛋粉，讓產品變得比較不那麼方便。也就是說，除了加水，主婦還必須加一顆蛋才能烤蛋糕。通用磨坊重新推出商品，搭配上標語「加一顆蛋」。結果，Betty Crocker的蛋糕粉居然大賣。

為什麼這麼簡單的做法會產生這麼大的效果？首先，稍微費點工夫可以減少女性的罪惡感，但還是能省時。此外，額外的工作意謂著女性在過程中投入了時間與精力，因此創造出一種成就感。以真蛋取代雞蛋粉，這麼簡單的做法卻能帶來更高的滿足感與意義感。你甚至可以說，蛋具有生命與誕生的意涵，主婦在加一顆蛋裡創造自己廚藝的風味。好了，這樣有點扯遠了。不過，你不能說這種新做法沒有一點效果。

Betty Crocker的蛋給我們上了一堂消費者心理學的課。許多公司在販售商品與服務時，都預先把所有內容準備齊全。它們或許也可以考慮使用簡化技巧，將關鍵內容物取出，將某個重要程序交由消費者自己完成。

替代品就在你眼前

運用簡化技術可以取代被移除的組件，但是在尋找替代品時要注意兩個原則。首先，你不能用一模一樣的東西取代。組件移除就是移除了！注意，Betty Crocker的蛋糕粉以真蛋取代蛋糕粉，兩者是完全不同的成分。雖然聽起來很簡單，但是別讓細微的改變冒充成替代品，讓被移除的組件有機會偷偷復辟。

其次，你應該在可取得的範圍內尋找替代品：在封閉世界的框架內。正是這些替代品能帶來真正獨特、令人驚豔、卻簡單明瞭的創新。以Betty Crocker蛋糕粉為例，取代蛋糕粉的蛋是每個家庭主婦都能輕易拿到的：就在冰箱裡。達文西曾說過，「繁複的極致就是簡約。」

舉例來說，飛利浦曾經將簡化策略運用於DVD播放機。勒瓦夫（他曾經處理過麻醉機器的問題）與SIT主持人阿密特・梅耶（Amit Mayer）曾於一九九八年接受飛利浦的邀請，當時正是DVD大為風行的時候。飛利浦的團隊希望找出一個方法，讓新出廠的DVD播放機能與其他電子廠商的產品有所區隔。團隊成員注意到，競爭廠商推出的DVD機有些有趣的地方：儘管DVD播放機在各方面遠優於錄影機，但許多公司製造的DVD機器，無論是大小、形狀、外觀、還是給人的感覺，居然看起來與錄影機如出一轍。飛利浦從一開始就發現，這是他們與其他公司區隔的契機。飛利浦決定在DVD播放機剛推出時就進行創新，而非坐等市場成熟而飽和才動手。這個大膽的嘗試一旦成功，將會是精采的出擊。

讓我們回到過去，看看飛利浦面對什麼狀況。DVD播放機於一九九七年首次問世時，錄影機已經在市場上引領風騷超過二十年。數百萬家庭使用錄影機觀賞電影與錄製電視節目。但DVD光碟片遠遠優於VHS錄影帶。對新手來說，DVD是重要的新儲存媒介。DVD很薄，只有六十四分之三英寸厚，相較之下，磁帶的體積龐大，厚達一英寸。DVD可以快速讀取而且容易操作。DVD播放機可以直接跳至電影的各個片段，不需要像VHS一樣連續播放才能搜尋。DVD也容易儲存、放映、製造與販售。

然而，儘管播放媒介出現這麼大的變化，播放機本身依然一成不變。錄影機看起來就像過去的立體音響設備：方形黑（或銀）箱子，前方有許多按鈕，還有熟悉的視窗，可以展示時間與目前使用的功能。由於錄影帶產業的競爭相當激烈，各家公司不斷地添加功能，以凸顯自身錄影機的優勢。但他們做得太過火了。錄影機的功能多到消費者不知道如何使用。就連設定時間也十分複雜。事實上，絕大多數錄影機的展示窗總是閃著「12:00」，清楚顯示絕大多數消費者根本不知道如何操作這個基本功能。連帶地，定時錄影功能也形同虛設。

DVD這個「不可思議的小圓盤」出現後，給了廠商一個引進全新播放機的絕佳良機。但令人驚訝的是，這些廠商並未利用這個機會。DVD播放機於一九九七年問世時，它的外型跟過去的錄影機沒什麼兩樣。

廠商設計的DVD播放機，外型為什麼如此類似已有二十年歷史的科技產品，它們應該是來淘汰舊產品的，不是嗎？或許公司是為了安撫消費者，畢竟消費者買DVD機是為了取代他們使用日久生情的錄影機。如果DVD機能夠裝在跟錄影機相同的盒子裡，與音響、電視的連接方式也一如往常，豈不是很好？這樣能讓消費者易於從舊式錄影機轉換成新式DVD機。當然，消費者還是必須丟掉VHS帶（或是與黑膠唱片一起束之高閣）。

當然，問題的徵結在於，整個產業基本上把DVD機看成用光碟片匣取代VHS匣的錄影機盒。對此，飛利浦有不同的看法。

勒瓦夫用簡化技術引導飛利浦團隊進行一系列練習。他們列出DVD播放機的所有組件。有系統地想像一次只移除一項關鍵組件，其他原封不動。每個步驟都會產生全新的組合，而新組合蘊含新的優點與價值。

首先，他們移除所有的前方按鈕。起初，房間裡每個人都笑了。勒瓦夫在白板上寫著，「沒有按鈕的DVD機」，團隊的人都覺得可笑。但隨後卻引發熱烈的討論。不是所有人都知道，DVD機殼內部其實大部分是空的。有些人認為消費者顯然希望看到機器前面有一堆按鈕。沒有人看過沒有按鈕的DVD機，於是大家絞盡腦汁想它有什麼優點。然後，有一名設計師突然說道，「我們可以讓DVD機變得非常薄。」

畢竟，消費者用不著這些按鈕，遙控器上都有（廠商還務實地將按鈕移到側面或後面，以防使用者遺失了搖控器）。就美學來說，櫃子裡放一台薄型DVD機的確時髦多了。新機器不僅適合較小的娛樂設備收納空間，看起來也比較沒有壓迫感。對於不肯將錄影機換成新式DVD機的人來說，這可能可以打動他們。DVD播放機比錄影機容易操作，這也是愈來愈多人更換新機的原因之一。

接著，飛利浦的工程師把前方控制面板上的液晶顯示器移除。錄影機有同樣的螢幕，以顯示運作資訊。一般來說，液晶顯示器的面積很大，幾乎覆蓋了整個控制面板。但是，沒有螢幕，消費者要如何控制機器？封閉世界裡（在本例中是指整個客廳）還有其他組件可以取代前方控制面板的液晶螢幕嗎？

團隊有解答：電視螢幕！電視可以輕易顯示操作控制資訊，例如播放與快轉。很有趣，不是嗎？飛利浦團

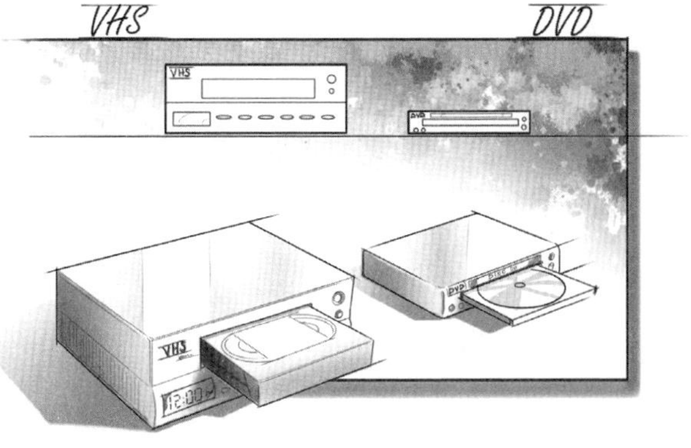

圖2.3

隊的思考邏輯，與創新麻醉機器的嬌生公司工程師，居然一模一樣。

從後見之明來看，這件事再明顯不過，但在當時可不是這樣。功能固著心理使我們把電視螢幕看成是電影與電視播放的空間。我們無法把電視螢幕想成其他裝置的控制螢幕。這項突破使飛利浦工程師開始把可以用電視螢幕與遙控器取代的東西全部移除。在簡化與取代之後，飛利浦生產出業界最輕薄的DVD機。飛利浦將新機器取名為Slimline，而這部機器也贏得知名的設計獎。不久，整個DVD產業都採用Slimline做為主流的設計模型。在簡化的力量下，維持三十年巨大方正的設計思維終於退位。

Slimline的影響遠超過任何人的預期，就連設計製造的工程師也沒想到。Slimline的概念成為許多其他產品的設計原型，包括許多非電子產品。如果你在亞馬遜網站上搜尋「slimline design」，會發現來自不同類別超過三十件以上的產品，例如揚聲器、電腦、電話、手錶，甚至聖經。

後退是為了向前

使用簡化技術乍看之下似乎令人感到陌生，因為好像在走回頭路。移除事物與科技進步格格不入。這樣想有幾分真實。但從科技角度來看，後退似乎要比前進來得容易。要在產品或服務上面去除某件東西，比多塞些東西更不費力、更省時也更省錢。此外，人們通常會忽略後退這件事，因為後退似乎悖逆了演化方向。

真正的問題其實是簡化能否產生新價值。如果未能改善產品或服務，簡化就沒有任何意義。簡化應該要能增進產品或服務的價值，即使對科技本身無所增益。飛利浦與Slimline DVD機就是如此。那是個幸運的巧合嗎？我們不這麼認為。環顧周遭，你會發現許多產品與服務，去除了必要元素（後退），卻為顧客創造更多驚人的價值。有史以來最知名的產品iPod就是一例。

從iPod今日輝煌的商業成就來看，很難想像它不是市場最早出現的MP3播放器。但這是事實。不僅如此，它連第二或第三都排不上。iPod是市場第八個MP3播放器！早在蘋果從事這類產品開發之前，已經有七家公司推出了可攜式媒體播放器，分別是IXI、Listen Up、Mpman、Rio、Creative Technologies、Archos，但是，這幾家公司的名字，你還記得幾個？事實上，最早的MP3播放器是IXI，它的原型機早在一九七九年就已出現，但直到二○○一年，蘋果才推出了iPod。那麼，是什麼原因讓iPod如此成功？iPod擁有什麼特質，能在市場上擊敗絕大多數的對手？它的音質特別好嗎？電池壽命更久？儲存的歌曲更多？這些都不是真正的理由。從功能上看，iPod都不如上述機種，除了兩點：簡約與設計。

首先，了解一下當時的市場背景。MP3市場競爭非常激烈，因此各廠商們莫不試圖以更多功能壓倒對手。舉例來說，第一個音樂播放器在市場上出現時，機器上裝設了液晶螢幕，以協助聽者編寫歌曲播放清單。這些螢幕可以讓消費者完全掌控想要聽的歌曲與播放順序。隨著市場競爭漸趨激烈，各家公司紛紛推出品質更佳的液晶螢幕，顯示更多內容。液晶顯示器成為MP3播放器的必要組件，科技與功能成為廠商的改良重點。它們認為這是進步。

第一代的iPod一炮而紅。接著，蘋果以其經典的創新模式，將顯示器整個去除，只留下iPod最早期的隨機播放模式（等於是退步），做出iPod

Shuffle。蘋果團隊提出新的產品構想：只有隨機播放功能的iPod。顧客不能自行選擇自己想聽的歌曲，也不能決定播放順序，歌曲只能隨機播放。你會認為這是走回頭路：使用者難道不想掌控制娛樂方式嗎？令人驚訝的是，隨機播放模式反而獲得「耳塞耳機世代」的衷心支持。大家喜歡這種產品。他們不需要花幾小時編寫、管理播放清單。相反地，這種播音樂的方式像極了廣播電台，你不知道接下來會播放哪首歌。這種驚喜感讓聽音樂變得更有趣。

至於iPod是不是在退步？根本沒人在意！除非你是科技狂，不然MP3的技術層次就像舊式錄影機上無人聞問的多餘功能，消費者根本不關心。

因此，蘋果的做法跟飛利浦是一樣的。蘋果簡化了業界其他公司普遍認為的必要組件。它去除了某個組件，卻不加入替代組件，產品的其他部分保持原封不動。蘋果此舉等於向消費者釋放一個強烈的訊息：隨機播放比那些功能多得嚇死人的MP3播放器更容易操作，而且也更有趣。

二〇〇六年，蘋果推出第二代iPod Shuffle，照樣擄獲消費者的心。蘋果瞄準的是一般的iPod擁有者，根據亞馬遜的說法，這些買家想要較廉價的第二支播放器，體積最好「小得驚人」。蘋果也相信Shuffle的價格與簡潔設計會吸引新使用者投靠蘋果陣營，就此成為蘋果產品的忠誠支持者，購買更複雜的iPod，甚至是麥金塔電腦。事實上，許多iPhone使用者是iPod的顧客群。

一份針對iPod Shuffle使用者做的研究證明，iPod的觀念確有獨特與創新之處。將一般人認為必要的組件予以簡化，雖然是科技的退步，卻提升了音樂的享受，而且就此改變全世界音樂播放器的模式。這就是創新。

什麼是「必要」組件？

簡化的模式如此簡單，因此它的突破能力往往令人驚訝。我們從麻醉機器的例子可以看到，一開始要產品研發團隊移除關鍵組件，他們覺得受到侮辱。然而，一旦工程師克服了心中不快，簡化技術將能引導他們走向創新，並且大幅改變世界各地的醫生在手術室的工作模式。

我們的重點是：使用簡化技術的關鍵在於，如何選取移除的「必要」（essential）組件。何謂「必要」？請注意之前的例子，我們移除的組件既不是最必要，也不是最不必要。我們移除的是必要性屬一般的組件。這時，簡化技術的效果最好。以麻醉機器來說，去除麻醉藥明顯不可行。備用電池與螢幕是必要的，但不是「非要不可」的組件。

如果移除的組件過於簡單，就不可能打破固著心理。那麼，你怎麼知道哪些組件的必要性低？有時候，你就是必須試才會知道。

「喔，這可是會讓人上癮的」

使用簡化技術，不一定非得去除組件不可。這當中也有所謂的「部分簡化」。只要產品或服務仍有新的效益，就可以採取這項技術。部分簡化技術意指挑選一個組件，然後去除該組件的某項功能。以推特為例，這是個全世界有數億人使用的微網誌系統。藉由限制每則推文長度以一百四十個字元為限，推特成為全球個人溝通思想與行動的重要數位工具。部分簡化技術把傳統網誌發文的字數縮減為一百四十個字元，反而大量增加網路世界的參與度。為什麼會如此？

推特的創立者諾亞・格拉斯（Noah Glass）、傑克・多西（Jack Dorsey）

等人知道他們的產品概念是對的，他們手中的這張牌，可能是明日之星。他們的想法是創立一項服務，讓所有人能一次將文字訊息傳給所有朋友。起初，推特只是方便人們知道朋友的近況。

然而，當推特的工作團隊企圖建立一個以發送文字訊息為基礎的服務時，他們遭遇了挑戰。首先，文字簡訊費用昂貴。此外，電信公司對文字訊息的長度設有限制，超過一百六十個字元，就會自動拆成兩半。所以，推特的創立者做的第一件事就是限制發信的字元數，也就是推特只提供短訊服務，也就是所謂的「推文」（tweet）。他們把文字訊息進行部分簡化，最多只能發出一百四十個字元。發信者還有空間留下自己的姓名與發信主題。二〇〇七年二月，多西寫道，「你可以用一百四十個字元改變世界。」

他是對的。今日，超過一億人加入推特。每個月有四億人造訪推特網站。有事件發生時，如二〇一一年三月的日本海嘯與最近發生的埃及革命，推特成了全球性的即時「監聽站」。格拉斯在一次訪談中提到，「你知道最酷的事是什麼嗎？那就是推特讓你覺得你跟某個人在一起。那是一種全面的情感效應。你感覺自己與他人有所連結。」

部分簡化創造的價值與簡化不相上下。還記得芒果機嗎？部分簡化還有其他優勢。有時候，部分簡化比較能說服有疑慮的人採取行動，畢竟人難以在瞬間做大幅簡化。

組件再少，還是可以簡化

簡化技術一開始可能讓人心存疑慮。有些人擔心產品或服務的價值因此減損。在封閉世界的界定下，如果一開始只有少數組件，當事人就更不可能願意進行簡化。為了創新而移除某個組件，似乎是很不合理。但是你將看到，即使原來的組件已經不多，簡化還是能神奇奏效。

以像洗衣劑這麼簡單的產品為例。洗衣劑只有三種主要成分：活性成分（清潔劑）、芳香劑、結合所有成分的黏結劑。現在，迅速在腦海裡想一下這三種成分，然後思考去除任一種成分會有什麼現象。你想到了什麼？大多數人想到的是自己的衣服被有瑕疵的產品洗壞了。這三種成分去除任何一種似乎都不可行。誰會想用少了某種成分的洗衣粉來洗自己的衣服呢？

現在，讓我們看看維特科清潔劑（Vitco Detergents）這家廠商，它運用簡化技術創造出全新的創新產品。一九九六年，維特科使用簡化方法擴充了產品種類。其中一項拿來簡化的產品就是洗衣劑。

維特科的洗衣劑簡化流程如下：

第一步：列出產品成分：

- 活性成分（清潔劑）
- 芳香劑
- 黏結劑

第二步：移除一項成分，最好是必要成分。在這裡，洗衣劑的必要組件當然是清潔劑。

第三步：具體想像結果。我們現在擁有的「洗衣劑」只剩下芳香劑與黏結劑。這種組合無法清潔衣物。一旦去除活性成分，就失去清潔功能。

第四步：確認需求、效益與市場。起初，這聽起來有點荒謬。誰想要不能清潔衣物的洗衣劑呢？

此時，工作坊有名參與者開口了。他提醒團隊，活性成分很傷衣物，會造成衣物損耗。去除活性成分可以讓衣物更耐久。因此，少了清潔劑的洗衣劑可能還是有市場，有些人不是因為衣服髒才洗衣服，只是因為衣服穿過了，這些衣物不需要清潔，只是需要清新一下。技術專家知道他們可以生產一種穩定的產品，產品中可能含有少量或甚至不含有任何活性成分。這也許可以成功！

他們面對的挑戰主要是法律問題。根據產業規範，法律規定產品內必須有一定數量的活性成分，才能稱為清潔劑。維特科能否在市場上推出少量或無活性成分的洗衣劑呢？公司執行長也參與了工作坊，他立刻想出了答案：為什麼不推出全新種類的商品？就叫「衣物清新劑」如何？它的目標市場是衣物只穿過短暫時間的人，他們的衣服並不髒，但他們希望讓衣服清新舒爽。這時就可以使用衣物清新劑，既能讓衣物清新，又能避免頻繁洗滌造成的損傷。新種類的產品於焉誕生。

同年，消費商品巨人聯合利華買進維特科公司百分之六十的股份。取得維特科之後，聯合利華重新設定維特科產品的優先順序，裁撤新產品開發計畫。收編維特科讓聯合利華取得許多它未曾接觸的新產品，因此它認為沒有研發任何新產品的需要。衣物清新劑的概念因此被束諸高閣。

這是聯合利華的重大失策。四年後，聯合利華的競爭對手寶僑家品在Febreze這個品牌下打出了相同概念的產品。寶僑創造的詞叫「clothing refreshers」。廣泛的市場調查顯示，消費者有時只需要讓衣物清新，不需要充分洗滌。根據這項調查結果，寶僑獨立開發出當初維特科團隊運用簡化技術推演出的構想：一種實際上沒有任何清潔成分的簡單「清潔劑」。衣物清新劑每年的全球銷售額高達到十億美元。

值得注意的是，維特科只是運用簡化技術就發現這個點子，完全沒有砸大錢。寶僑公司卻在進行大規模市調後，才確認市場有此需求。這使我們原本堅定的信念更為屹立不搖：本書的創新模式可以做為市場成功的指標。透過研究解讀市場訊息當然能催生創新構想，但藉由本書所提供的技術，能更有效率地萃取出同樣的創新。

除了簡化，別無他法

有時候，簡化不是刻意為之，而是不得不然。即使在不得不然的情況下，你還是可以訓練自己的心智，利用簡化技術發揮創意。

二〇一〇年八月，全世界都關注著一起新聞事件。由於礦坑崩塌，三十三名智利礦工困在兩千三百英尺深的地底下。這場意外崩塌消除了原本的逃生路線。所有傳統的援救方法都失敗了。隨著時間流逝，困在地底下的礦工生存的機會也愈來愈渺茫。國際的援救小組開始實施備援計畫。他們使用精巧的逃生艙，一次搬運一個人回到地表，終於讓所有礦工免於緩慢而痛苦的死亡。經過六十六天，最後一名礦工從黑洞中現身，接受現場的歡呼與來自世界各地的祝賀。

許多人不知道，這種救難法早在五十多年前就有了。最初有人想到是在一九五〇年代中期，簡化後的做法改變了許多產業的援救策略。

一九五五年五月，德國城市格爾森基爾咸（Gelsenkirchen）的達爾布許（Dahlbusch）礦區發生崩塌，三名工人困在地下。雖然救援人員設法透過小鑽孔提供食物與飲水，卻無法讓三人透過鑽孔回到地表。因為這場崩塌已經完全封住了現有的礦井。也就是說，礦井被「移除」了。

在現場工作的三十四歲工程師艾伯哈德．艾伍（Eberhard Au）採取不同的途徑解決問題。其他救援人員專注於重啟礦井，艾伍卻有別的想法。面對當前的處境，他直接去除礦井這個選項，並以一個不起眼的組件來取代礦井：鑽孔。艾伍默不作聲地設計一個雪茄狀的小座艙，外殼以薄金屬板製成。座艙的寬度只有十五點二英寸，剛好可以塞進救援人員用來提供食物與飲水的鑽孔中。儘管座艙的空間極小，但還是勉強能擠進一名礦工。透過這種方式，救援人員成功將三名德國礦工救上來。

「他們在達爾布許做的事，可說是神來之筆，」傑夫．薩伯（Jeff Sabo）說道，薩伯是一名四十歲富有經驗的礦區救援人員，他在俄亥俄州卡迪茲的俄亥俄州礦區安全訓練中心教授礦區救援。「礦區救援已有數百年的歷史。但使用小鑽孔一次救一個人上來的點子，確實是相當嶄新的想法。」

你會聽到我們一再地說，這種解決方式顯然是後見之明。但救援人員總是被功能固著與結構固著所蒙蔽。人類在地底下挖礦已有數千年的歷史。隨著時代推移，挖礦過程也有很大的變化，因為接續的世代不斷想出新穎而安全的工程與建造方法。這段漫長的創新史產生一個不利現象，那就是採礦的專業人員以為自己熟悉維持效率與安全的「最佳做法」。但經驗的優勢（一般認為專業人員的可貴之處），反而限制了專業人員創意思考的能力。

礦場有垂直、傾斜與水平的礦井，構成錯綜複雜、彼此相連的網路。礦工對於建造礦井所需的審慎規劃、嚴謹設計以及扎實的營建技術感到驕傲。每個礦工心中都有整個礦場的網路地圖，銘記不忘。然而，這張心裡的地圖卻造成嚴重的結構固著。只要出現災變，礦場救援手冊的第一步就是利用現有礦井盡快疏散所有礦工。所以救援的正規計畫就是打通礦井，前往受害者所在位置。這很合理：礦場工程師、管理人員與安全人員都清楚每個礦井的確切位置與完整結構，他們也知道礦井與礦井之間的連結路線。他們花費好幾年的時間建造這些礦井，而使用時間又比建造時間更長。使用既有礦井做為逃生路線，是讓礦工返回地面最快也最安全的方法。但有時候，正規計畫不一定管用。

一九五五年在德國，正規計畫就不可行。美國礦場救援協會的羅伯・麥克基（Rob McGee）說，此時救援團隊必須把「所有選項都攤在桌上」。這促使艾伍開始思索平日沒想過的可能。為了不讓自己受限於結構固著，他決定在封閉世界裡思考替代品。艾伍以通風用的鑽孔來取代礦井，他的做法不僅救了這三名德國人，也在未來拯救更多生命。採礦產業決定採用他的技巧做為備用計畫的黃金標準。事實上，在緊接而來的一九五六年與一九五七年都發生了礦場事故，艾伍的小座艙都派上用場。一九六三年，小座艙拯救了困在一百九十英尺深、長達兩個星期的十一名鐵礦場礦工。今日，美國礦場安全與健康協會準備了跟艾伍一樣的小座艙，隨時可以派往世界任何地方救援。

用來拯救智利三十三名礦工的鳳凰號小座艙，是艾伍原始設計的加強版。智利海軍的工程師建造了三個比艾伍原型機更大的座艙，長八英尺、直徑二十一英寸，而且配備了麥克風、擴音器與氧氣供應。這些證明艾伍的基本構想非常有用。

一九九六年，艾伍去世，享年七十五歲。他從未為自己設計的座艙申請專利。「能救出受困者，才是最重要的，」他如此說道。

簡化能重新架構問題

你不需要等到災難發生才使用簡化技術。如果你使用簡化技術有系統地重新思考問題，創意的答案將會不斷從你的腦子裡湧現。德魯是在一場管理訓練會議演講時發現這點。他講完之後，有七個人朝講台走來。他們自稱是南非標準銀行的董事會成員。他們希望獲得他的協助，以下是他們的故事。

「讓我們把他們全炒魷魚！」（德魯的故事）

我的系統性創新思考演說強調簡化技術的用處，演說結束後，銀行董事會成員過來自我介紹。他們喜歡這個概念，認為創新是可以學習與應用的。他們對簡化尤其感興趣。「你認為簡化可以幫我們解決問題嗎？」一名董事問道。

我的回答跟平常一樣：「我不知道。但我們只有一個方法來找出答案。」我們在會議廳裡找到一間會議室，讓我們可以輕鬆一點討論。這些管理高層向我說明他們面對的問題。

「我們想併購其他銀行來獲得成長，」一名管理高層說道，他似乎是統一對外發言的人。「我們都同意這麼做，只是對於執行方式沒有共識。有些人想買下南非其他銀行，有些人則希望取得北美或歐洲的銀行。我們該如何運用簡化方法來解決這個問題？」

我思索了一分鐘。我從未遇過這類型的策略問題。我真的不知道簡化技術在商業模式創新上能不能像傳統的產品或服務創新一樣發揮效果。但我願意試試看（之後我才發現，傑科布的同事早已將簡化技術運用在商業模式上）。

我決定參與。「好的，讓我們回來討論這件事，而且從頂端開始思考。簡化的第一步是列出關鍵組件。一家銀行可以分成哪些組件？」

董事們面面相覷。這個問題太簡單了，他們聽到之後，似乎鬆了一口氣。

「職員。我們有各種類型的職員。」

「好，讓我們把『職員』寫下來。」我拿起麥克筆，開始列出銀行的組件。「還有什麼？」

「資產，」有人說道。「負債！」另一個人應和著說。「我們有建築物、自動提款機、土地——我們稱之為「固定資產」（PPE），也就是所謂的不動產、廠房與設備。」

「繼續說。」

「我們有系統，當然，我們還有客戶。我們還有聲譽，也就是品牌。」

我把這些全寫在白板上：

- 職員
- 資產
- 負債
- 不動產
- 系統
- 產品與服務
- 顧客
- 品牌

「現在，我們用簡化法移除其中一項組件，最好是重要組件。」我注意到有人露出看好戲的笑容。我已經習慣這樣的反應。過去有好幾次，使用這些技術產生相當愚蠢的產品或服務。人類的腦子在幽默感與玩笑的驅使下，會將兩個毫不相關的主題連結成一句妙語。人們因此發笑。然而，即使在目前這個嚴肅的狀況下，實際使用這項技術，還是會讓人覺得好笑。兩個與銀行毫無關係的想法即將碰撞在一起，想到這裡，大家就會忍不住笑出來。

「讓我們去掉職員！」一名資深董事說道。他半開玩笑地說，但他的確對於這個思考過程深感興趣。

「好。想像你們的銀行沒有職員。它有其他條件，唯獨缺了職員。現在問問自己：什麼樣的銀行擁有的員工最適合你目前擁有的銀行？根據你的顧客群，你的品牌聲譽、產品、服務，哪些銀行的員工最能搭配你的銀行的其他組件？」

一名管理高層說，「舉例來說，我們需要比較多樣化的員工。或許我們需要具有國際觀的職員。我們可以併購一家銀行，它的員工不僅要能與我們的員工融合，還能提升我們的視野。」

只要想像自己的公司少了一項必要條件，就能協助這些董事以全新視角來解決他們的問題。銀行位於何處似乎變得不那麼重要。地理位置與銀行毫無關係。只需運用簡化技術（連同功能取代）去除一項組件，就能在併購目標上產生有用的討論與對話。以全新的角度看待問題，可以讓併購變得更有趣。

我讓討論繼續進行一陣子。「現在，讓我們再試試看。從清單上選擇另一項組件，任何一項都行。」

「品牌。讓我們移除公司品牌。」這回，大家可笑不出來了。

「非常好。你們擁有銀行所有其他條件，但就是少了品牌。現在，你們需要哪家銀行，它的品牌聲望可以跟你們銀行的職員、客戶等其他組件完美地搭配在一起？」大家思索了一段時間，每個人都在想，哪家銀行能與自家銀行的其他條件配合。他們都默不作聲，主動思考白板上的其他組件。

幾分鐘後，董事會的領導人和我握手，向我致謝。他很客氣地請我離開房間。「接下來是幹正事的時候了，」他說。

二〇〇四年這場會議之後，南非標準銀行陸續併購了阿根廷、土耳期、俄羅斯與奈及利亞的銀行。當然，在併購的過程中，他們並未真的去除自家的職員、品牌或任何其他組件。使用簡化技術的重點是想像少了這些組件以後該怎麼做，藉此重新思考問題，找到嶄新而具有創意的可能。事實上，這麼做真的有用！

運用步驟

想充分運用簡化技術，你必須遵循以下五項基本步驟：

1. 列出產品或服務的內在組件。
2. 選擇必要組件，想像移除這項組件。方法有二：
   a. 完全簡化。完全去除整個組件。
   b. 部分簡化。將組件的某個特徵或功能去除，或減損該組件的效能。
3. 虛擬可能的結果（無論結果有多奇怪）。
4. 試問：這麼做的潛在效益、市場與價值是什麼？誰會想買這種新產品或服務，為什麼顧客覺得有價值？如果你正試圖解決某個特定問題，簡化技術如何面對這項挑戰？思索「少了某個必要組件」的概念，試著用封閉世界的某項物品（不要使用原來的組件）來取代必要組件的功能。你可以用內部或外部的組件取代缺少的組件。修改後的概念，有何潛在效益、市場與價值？

5. 如果你認為這項新產品或服務是有價值的，接下來問：這麼做可行嗎？你真能創造出這些新產品嗎？你真能提供這些新服務嗎？為什麼可以，或為什麼不行？有沒有別的辦法改善或調整這個點子，以增加它的可行性？

你每天使用的許多產品與服務，其實都是透過簡化產生的，不管它們的創造者是否察覺到這點。舉例來說，如果你戴著隱形眼鏡讀書，那麼你使用的就是「簡化」的產品。隱形眼鏡就是去掉傳統鏡框的眼鏡。

許多自助式產品都是簡化的直接結果。自助式加油站、超級市場的自助式櫃台與機場的自助式登機報到，這些服務都是以顧客取代正規人力後的結果。我們現在把這些視為理所當然，然而過去的人可無法想像。如果你跟他們說，未來放在街角的機器會吐錢出來，他們一定會說你瘋了。唯有回顧過去，我們才會發現「簡化銀行」這個反直覺的概念居然能創造出自動提款機這麼方便的銀行服務，而現在這種服務已遍及世界。

我們可以看到，某些食物因為去除了必要成分而變成創新商品。湯沒有了水，產生更方便的粉末狀沖泡湯料。就連罐裝濃湯也是部分簡化的好例證。由此產生的新效益為罐裝容量較小，擺在架上販售的時間更長。拜線上零售業者亞馬遜與娛樂公司Netflix之賜，零售業也已經改頭換面。它們去除了傳統的實體店鋪，而改用網際網路。宜家家居（Ikea）是居家用品的大型零售業者，它仍擁有實體店鋪，但販售的是未組裝的家具。宜家家居移除了製造家具的組裝步驟，改由讓顧客自己組裝。

常見陷阱

與本書描述的所有技術一樣，你必須正確使用簡化技術，才能獲得成果。以下是如何避免掉入常見陷阱的建議。

不要只移除麻煩的組件

移除不良組件以改善績效，這種做法並不是使用簡化策略。簡化是對產品的特點進行微調，從而改變產品運作的方式。舉例來說，去除蘇打水的糖份而創造出來的無糖飲料，乍看之下是全新版本的原創飲料。但這不是簡化，這只是改變配方。把含咖啡因的咖啡變成不含咖啡因的咖啡也是一樣的道理。

試著移除必要組件

還記得洗衣劑的例子嗎？把洗衣粉最必要的成份（也就是清潔劑本身）去除後，就創造出Febreze。大家都不願除去必要成份，因為這聽起來很蠢。有人企圖規避這種做法，避免「毀掉」自家的產品，或者是根本不相信簡化技術的力量。關鍵是，要在腦中進行虛擬想像，把重點放在系統中有什麼還沒去除，而不是一直想著自己去除了什麼。把剩餘的所有組件視為全新而自成一體的產品，可以幫助你把去除最必要組件的心理障礙排除掉。

不要立即取代移除的組件

移除必要組件，在理性與感性層面來說都是衝擊。此時正是結構固著這個宿敵力量最強大的時候。去除必要組件往往會讓人心裡起疙瘩，我們經常忍不住想「拯救」產品或服務（記住「必要」的意義：它不是最重要的組件，也不是最不重要的組件，它的重要性剛好位於中間）。你會發現自己很快就會找到別的組件填補空位。但要小心。有時候去除關鍵與核心的功能會對整個產品造成不可回復的傷害。去除核心功能事實上還是可能產生創新點子，索尼的隨身聽就是個例子，但這種狀況非常少見。你在去除核心功能時，就應該開始計畫要用什麼東西來取代它。

不要屈服於認知的不協調

古怪而嶄新的產品會讓人忍不住想去解釋它，或添加一點理解的脈絡。舉例來說，把電視的螢幕去掉，大多數人馬上會認為這是一台收音機。若是如此，這個產品就不是電視了。然而你想要這個產品播放的並非廣播節目，而是電視節目。它的內容來自於電視台。此外，任何工程師都會跟你說，這個奇怪產品的電子組件、波長與各種相關特徵都顯示，它是沒有螢幕的電視，而不是收音機。如果你放棄「無螢幕的電視」，而接受收音機的說法，可能錯失創造新型電視的機會，例如長時間駕駛的人（卡車司機）也許因為開車而無法看電視，但他們仍想聆聽電視節目的內容。

避免簡單的「分拆銷售」

記住，簡化不同於「分拆銷售」這種常見的行銷技術。分拆銷售是去除產品或服務的部分功能，或降低產品或服務的部分品質。分拆銷售減損了產品或服務的價值，因此訂價較低。廠商這麼做是為了擴展市占率，特別是那些對價格敏感的客群。舉例來說，電視製造商會降低高級電視的揚聲器品質、螢幕解析度與其他功能，然後打上新的型號，並降低售價。另一個分拆銷售的例子出現在旅行社，旅行社會提供低水準的套裝行程（廉價旅館與包機），當然價格非常低廉。目的地一樣，但一路上的住宿條件很差。我們可以注意到，分拆銷售並未產生新的效益。價格低廉的原因就在於效益減少。然而，簡化技術雖然去除（或替代）組件，卻能產生新的效益。

第三章／分割：分而治之

生命的前進，靠的不是元素的結合與增添，
而是瓦解與區分。
——哲學家亨利・柏格森（Henri Bergson）

你曾經注意到嗎？你喜歡的樂團在現場音樂會的樂音，與數位錄音的聲音，存在著一些差異。是的，現場欣賞艾瑞克・克萊普頓（Eric Clapton）的演奏是美妙的經驗。但他的現場版「蕾拉」（Layla）聽起來卻與你iPod裡的一九七〇年原版錄音不太一樣。現場演唱時，整首歌曲感覺不太完美。如果你很幸運，曾聽到過去四十年來克萊普頓演唱的六次「蕾拉」，你會聽見六種不同的版本。有些版本也許激動人心，但有些版本可能令人失望。你已有心理準備，買了一張票，想在演奏會當晚碰運氣，聽聽現場演出會是什麼狀況。然而，無論克萊普頓怎麼演唱、彈奏，無法重現錄音室錄製的版本，每件樂器、每個音符的音準與節奏都協調得恰到好處。

大家都知道，完美錄音（通常）不可能第一次就成功。第二次也不太可能，甚至花上三十幾次也不可得。唱片製作人會不斷錄製，直到滿意為止。

錄音與現場表演不同。錄音時，樂團的所有成員不一定要全部到齊一起演奏。一首曲子可以分割成幾個獨立部分各自錄製。主吉他手、打擊樂器手、貝斯手或主唱可以各自找時間到錄音室，將自己演奏或演唱的「音軌」錄製成磁帶或數位檔案。然後，錄音師再編輯、校準、混合所有音軌，製作完整的歌曲。一首歌會有四個、十六個乃至於二十四個不同的音軌。每個音軌經過不斷排練，獨立錄製。唯有每個音軌都排練到臻於完美的程度，才將所有的音軌「混合」起來，成為最後的錄製成品。

從後見之明來看，先製作個別音軌，再結合各個音軌，最後創作出品質最好的作品，這種做法絕對合理。少了這種創新，音樂家必須一起反覆不斷排練，直到達成完美的合奏為止。如果有一名音樂家出錯，大家都必須重來。這樣顯然曠日費時，而且成本昂貴，如果把租借錄音室與各種器材計算在內的話。

萊斯特・波爾斯福斯（Lester William Polsfuss）改變了這種狀況。一九一五年，波爾斯福斯出生於威爾康辛州的沃基夏（Waukesha）。他從小就是個音樂愛好者，為了持續聆聽音樂，他曾自己獨力製造礦石收音機。後來，由於他想同時演奏口琴與吉他，於是發明了戴在脖子上的口琴架，許多重要的音樂家，至今仍使用這項器具，最知名的是巴布・狄倫（Bob Dylan）。十三歲時，他在一個鄉村樂團裡表演。他把留聲機唱針接到收音機的擴音器上，放大木吉他的聲音，以壓過樂團其他聲音較大的樂器。

你或許知道波爾斯福斯的藝名：萊斯・保羅（Les Paul）。他是知名的爵士樂與鄉村音樂吉他手與作曲家。此外，他還有一項重要貢獻，那就是他開發了實心電吉他，為往後七十餘年的流行音樂奠定基礎，而這股風潮至今仍無興盛不墜。如果沒有萊斯・保羅，今日的搖滾樂恐怕是完全不同的氣象。

保羅有「沃基夏的奇才」之稱，他不斷發明、創新音樂與錄音技術。一九四八年，他的朋友與合作者賓恩・克羅斯比（Bing Crosby）給他一台盤帶式錄放音機，這是從錄音先驅Ampex的加州聖卡洛斯（San Carlos）生產線直接拿過來的。從一九三〇年代開始，保羅便從事他所謂的「多軌」錄音實驗，他會錄下自己與自己的吉他二重奏。但當時用來錄音的醋酸鹽碟片無法支援這種錄音技術。為了獲得滿意的錄音，保羅居然不惜燒掉五百多塊碟片。

保羅立即在Ampex 200型中看到可能性。只要在機器上再裝置一個錄音頭，保羅就能錄下自己彈奏吉他、吹奏口琴，還有唱歌的樂音。藉由混合音軌，保羅充分運用了四分之一英寸寬的磁帶。閉門埋頭進行了幾天的實驗之後，保羅發表了「愛人（當妳在我身邊）」一曲，歌曲中八個不同的電吉他樂音全由他一人彈奏。錄音產業變得欣欣向榮。雖然保羅不是最早使用這項技術

（稱為「疊錄」）的人，但他證明這項技術在音樂與財務上都有利於創作流行歌曲與電影配樂。保羅點燃了電影與音樂事業的革命之火。

在封閉世界裡運用分割技術

保羅的創新是本章所述創意工具的完美例證：分割。與本書其他技術一樣，分割可以縮小或限制可能的選項，以協助找到有創意的解決方法。在保羅的例子裡，他把既有的特徵或元素分割成多個部分，然後重新組織這些特徵或元素，並且思索重組後的新事物蘊涵何種可能與益處。

你可以看到分割技術如何促成多軌錄音的誕生。保羅把音樂錄製分割成更小的、個別的與更容易管理的單元。透過這種方式，他大幅擴展了各類型音樂家的視野，提供他們工具，使他們擁有彈性與自由，以創造、創新、增加與販售天賦的成果，這是過去的音樂家無法想像的。

今日，音樂家把樂聲與歌聲錄製在個別的音軌上，他們可以隨心所欲地播放、處理與操縱這些聲音。錄下音樂表演的原初目的，是要捕捉經驗，而且嘗試重現這些經驗，好讓未能在現場聆聽的人也能一飽耳福。今日音樂家使用多軌錄音技術是為了各種創意與商業目的。許多人想去除類似現場演唱會可能出現的錯誤。有些人則追求特效，例如殘響與轉相。還有一些人想利用多軌錄音來重新混音，創造出全新版本的歌曲，或許還會運用到新的音軌。

一九八八年，萊斯・保羅入選搖滾名人堂。二〇〇五年，他入選國家發明家名人堂，表彰他發展實心電吉他的貢獻。二〇〇七年，也就是他以九十四歲高齡去世的前兩年，他獲得國家藝術獎章，這是美國政府給藝術家的最高榮譽。

所有音樂家，不分男女老少，都崇敬萊斯・保羅。吉他手艾迪・范・哈倫（Eddie Van Halen）曾對保羅說，「沒有你做的那些事，我目前所做的事有一半都做不成。」齊柏林飛船的吉米・佩奇（Jimmy Page）提到保羅時說，「他是開啟一切的人。」保羅的遠見卓識，就跟日後的創新者賈伯斯（Steve Jobs）一樣。在一九五〇年代中期，保羅在音響工程協會（Audio Engineering Society）演說，他預言，「有一天，我們會擁有一種可以放在口袋裡的機器，上面沒有移動的零件，你想聽的歌全都在上面。」

語落，聽眾響起一片笑聲。

如何使用分割技術

藉由把現有的物品與服務分成許多部分，並將它們重新排列成新東西，分割技術可以協助我們從新組成的東西獲得新效益，或是以新的運作方式獲得原有的效益。

還記得我們之前討論過結構固著嗎？分割有助於克服結構固著造成的限制。回想一下，結構固著意指我們傾向於認為只有依照傳統的做法，才能順利完成物品或系統。我們習慣把物品與系統視為「整體」單元，我們認為物品與系統必須維持與過去一樣的結構。當我們發現事物偏離了以往我們熟悉的結構，我們會感到不安。直覺地認為哪裡不對勁。

結構固著對我們造成阻礙。我們不僅看不見熟悉物品的嶄新（與古怪）形態所帶來的效益，反而試圖將陌生形態與我們所知的形態調和在一起，而且心態上「固著於舊形態」，希望回到原初形式。我們浪費時間與精力，把事物塞進我們認為正確的秩序裡，卻不去延伸想像，以創造新的可能。

想像我們手上拿著一個手電筒，卻發現手電筒的頭部脫落。你的第一個反應或許是手電筒壞了，必須丟掉。但是等等。停下來，給自己一分鐘稍微思考一下各種可能，你也許能想出手電筒可以發揮功用的「新形態」。或許，手電筒的前端可以變成固定在牆上的聚光燈，以遙控方式啟動。或者，它可以成為工地安全帽上的頭燈。關鍵是讓分割技術打破結構固著的鎖鏈，如此才能看見新的潛在利益。

分割技術有三種運用方式：

- 功能分割，把產品的特定功能分離出來。
- 外形分割，依照外形線條隨機將產品切割成數塊。
- 保存分割，把產品切割成原來的縮小版。

依照這三種方式分割物品之後，你可以重新將這些分割部分再度組合起來。你有兩種重組方式：一個空間上的重組（即物品與物品的位置關係）；一個是時間上的重組（即物品與物品在呈現時的順序關係）。改變組件之間的關係，可以改變視角，開啟新的可能，使你用全新的方式看待或使用產品。

功能分割

運用分割技術，必須先專注於產品的功能性上。首先，你要辨識產品的某個組件具有何種特定功能。然後把產品的這項特定功能與產品分離，並且移到別的地方（注意，功能不能完全移除，如果完全移除就等於是運用簡化技術）。以空調為例，最早的空調機器是一個箱子裡包含了所有功能：恆溫器、風扇、冷卻裝置。如果你固著於箱子形態，就不太可能做出任何創新，頂多只是改善馬達或其他機械零件。然而，一旦進行「功能分割」，一些有趣的突破就會開始出現。如果你把馬達與空調的其他組件分開，然後把馬達放在別的地方，例如放在屋外，突然間，你降低了機件的噪音與熱度。你也不需要塞住窗戶或在房屋外牆打個大洞。馬達的嗡嗡聲被隔離在一段距離之外，冷氣經由狹窄的管線穿過牆上的小孔進入室內的通風系統。恆溫器的功能也同樣與空調分離。一旦分離，恆溫器就可以安裝在室內，你可以快速而輕易地從比較方便的地點設定你需要的溫度。

每當你拿起遙控器打開電視，就是在享受功能分割的好處。轉換頻道、調整音量、從有線電視轉變成DVD播放機，這些控制功能全部與電視分離，集中到一個你可以一手掌握的東西裡，這就是從空間上做了功能分割與重組（新的位置）。

遙控的觀念可以延伸到前面提到的空調上。恆溫器不是掛在牆上，而是移到遙控器上，也就是說，遙控器一方面可以感應溫度，另方面又可以設定溫度。現在，空調可以對最重要地點的溫度做出反應，而這個最重要的地點就是你坐的地方。

許多航空公司把登機報到程序獨立出來，讓旅客能更便利地完成這項程序，同時也能為航空公司省錢。旅客可以在家裡列印登機證。他們可以在搭乘的前一天在機場以外的地方托運行李。在這裡，你可以看見空間與時間的功能分割。

許多公司運用功能分割，讓自家的產品更容易清理與維護。事實上，全世界的工程師與設計師都認為，功能分割特別有助於製造、設計出對使用者更友善的產品。

例如，使用拋棄式集塵袋的真空吸塵器可以讓顧客更容易清除機器吸附的灰塵。你攜帶的筆電愈來愈輕薄小，正是因為功能分割的緣故。廠商把一些功能如硬碟、光碟機與顯示卡，從筆電分離開來，使其成為獨立的機件。你需要這些功能時，再將這些機件插入筆電就行了。

製造環氧樹脂接著劑的廠商，利用功能分割來拓展產品用途。一般來說，接著劑是由樹脂（黏著成分的來源）與硬化劑（使樹脂定型而能固定黏著物品）混合而成。樹脂與硬化劑通常會先在某個容器裡混合均勻，如果你想把兩塊木頭黏起來，你可以在一塊木頭上噴上接著劑，然後將兩塊木頭貼合起來，直到黏著為止。現在，想像把帶有黏性的樹脂與硬化劑這兩種物質分離，以創造出新的產品。這就是環氧樹脂。環氧樹脂是一種效果極強的接著劑，在使用者還沒黏東西之前，它的樹脂與硬化劑維持分離狀態。環氧樹脂受歡迎的理由是，使用者可以透過自行注入硬化劑進行混合來控制時間長短，使上膠的過程有「更正」的機會。廠商把樹脂與硬化劑分開包裝，使顧客獲得更有用的產品。

早期的洗髮精同時混合了清潔與潤髮成分。廠商進行功能分割之後，把洗髮精分成兩瓶，一個洗髮，一個潤髮，讓顧客自己選擇如何使用產品，而且還可以選擇不同類型的潤髮乳。

有些飲料製造商分出顏色與口味的添加物，讓顧客可以加進原味牛奶裡，添入巧克力或草莓的色澤與味道。此外，還有製造商把添加物放在新空間裡：吸管內部。每根吸管內緣附著有孔小珠，這些珠子含有不同的風味與色澤。當你用吸管喝牛奶時，這些珠子會溶解在牛奶中，隨即釋放風味與色澤。父母可以利用這些「魔術」吸管，吸引孩子多喝牛奶。

外形分割

「外形分割」指根據隨機的外形線條，將產品的一個或多個要素分割出來。通常一開始我們會想像用鋼鋸，以一種悖逆直覺的方式切割產品。沿著外形線條分割，然後重組，接著張開眼睛，將會看到潛在的新效益。舉例來說，把圖畫或相片切割成不規則與隨機的形狀，就能得到一個好玩的遊戲，讓孩子與大人開心地消磨幾個鐘頭，那就是拼圖。

早期的潛艇只有一個隔間。現在的潛艇體積較大也較安全，這是進行了外形分割的緣故。潛艇內部被區隔成一個一個的小艙房，用來防止滲漏。各個艙房（機械室，武器室，船員室）以厚重的鋼鐵艙門保護，艙門鎖上之後，可以防止大火、毒氣、水或濃煙蔓延到各個船艙。

烏克蘭基輔市的交通主管機關想出一個收取違規停車罰款的方法。他們拔掉違規車的車牌，直到車主繳清罰款為止。

運動飲料製造商 Viz Enterprises 將瓶子分成兩個區塊，讓維他命補充液與其他液體分開。你可以在飲用前再讓兩種液體混合，方法是旋開瓶蓋。這種瓶蓋設計稱為 VIZcap，它能讓維他命在飲用前一刻都保持最佳活性。

保存分割

你也可以將產品分割成「數塊」，也就是把原來的產品分割成較小的產品，這麼做經常可以產生開創性的發明。這些較小的產品，功能與原來的產品一模一樣，但因為體積縮小，使它們比「母產品」更便於攜帶。這種做法就是「保存分割」。

萊斯・保羅利用保存分割技術製作多軌錄音，他的做法純綷是將錄音帶這個媒介分割成更多更小的音軌，這些音軌的功能跟原本的錄音帶完全一模一樣。

在科技業，我們經常看見這種技術。多年來，電腦廠商一直努力增加電腦硬碟的容量。然後，有工程師想出一個好點子：利用保存分割技術創造出迷你的個人儲存裝置。今日，許多人離開辦公桌時一定會將他們的「隨身碟」放進手提箱或口袋裡。這種迷你儲存裝置專給必須攜帶電子檔外出、卻又不想拿筆記型電腦或其他電腦設備出門的人使用。他們只要把個人電腦裡的檔案傳到隨身碟上，就可以離開電腦出門。

許多食品廠商使用保存分割技術，創造出更便利的人氣商品。把一般容量或一般大小的產品分割成小包裝，可以更方便消費者購買，也更符合成本效益。消費者只要買自己需要的部分，不需要買大包裝。最近，食品廠商甚至利用保存分割技術協助民眾減少熱量的攝取，他們把受歡迎的零食點心以小包裝進行販售，這麼做可以協助消費者降低飲食的份量。卡夫食品公司的菲力奶油乳酪就採取這種策略，把旗艦產品分成一人份小包裝。消費者可以把這種包裝當成自備午餐的一部分，或者連同早餐貝果一起帶進辦公室。

許多飯店與分租公寓推出的分時方案也屬於保存分割。在分時方案下，一年的「產權」可以分割成五十二個單位，每個單位為期一星期。每個單位賣給不同的所有人，該所有人有權利居住一個星期。每個小單位都保存了整個單位的特性。所有權是以時間為單位來進行分割。

同樣地，分期付款等於把大筆的貸款金額分割成小單位的金額，分期償還。這與分租公寓的分時方案一樣，都是以時間做為分割基礎。

醫生決定用放射線療法殺死癌細胞時，必須確定可以在不對周遭健康細胞造成過多傷害的狀況下殺死腫瘤組織。怎麼確定？他們把放射線的總劑量分成幾個較小、較不致命的劑量，然後從各種不同的角度照射腫瘤。把單一的高能量X光束在空間中分散成幾個光束，然後讓這幾個光束從不同方向同時射向一點，殺死癌細胞。這些光束由於劑量降低，因此單一的輕劑量光束不會對其他組織造成傷害。

服務與其他無形財的分割

分割技術也能用來創新無形財（服務與流程）與產品。事實上，以我們的經驗來看，這是分割技術最常見的應用場域。

以傳統的電話服務為例（家用電話或手機），一般來說，簽約、使用與付費包含以下循序進行的六個基本步驟：

1. 選擇電信服務供應商。
2. 填妥申請書，選擇自己需要的費率方案。
3. 使用手機撥打電話。
4. 月底收到帳單，涵蓋收費期間所有電信活動。
5. 繳付帳單。
6. 回到步驟3，重複整個過程。

你能否光靠區隔並挪移這些步驟，創造出有利可圖的新服務？如果你能比一九九〇年代初的休士頓手機公司（Houston Cellular Telephone Company, HCTC）早一步使用分割技術，你可能已經飛黃騰達。當時，休士頓手機公司首次推出手機預付卡。這項產品不過是直接跳至步驟5，讓步驟5變成步驟1。就是這樣！這種創新的手機服務可以滿足需要短期的手機通訊需求。這也屬於功能分割，從時間的角度重新安排功能。

以下提供一項實用訣竅，有助於把分割技術運用在服務與流程上，並且從中獲得最大的好處。把服務或流程的步驟寫在便利貼上，一張紙只寫一個步驟。把便利貼貼在牆上。首先，依照平日處理的順序排列這些步驟，從中體認到你對原本的流程有結構固著與功能固著；之後，試圖打破固著。隨機取下牆上某張便利貼，閉上眼睛，把便利貼貼回牆上（雖然機率幾乎是零，但如果你居然貼回原位，那就再試一次），然後張開眼睛，看看眼前全新的排列方式。現在，根據這個新的服務或流程步驟，想想這種改變可能帶來什麼效益。

分割技術是一種多用途的工具，你可以在各種狀況使用它。你會發現這種技術在處理複雜的服務（也就是牽涉到大量步驟與組件的服務）時特別有用。分割技術也能為流程帶來創新，例如製造業生產線或員工僱用。與其他工具一樣，分割技術可以打破結構固著，特別是長久存在的系統。以下是一些例子，說明分割技術如何用來解決現實世界的挑戰。

經驗是最好的教師（德魯的故事）

許多人對於我們可以有系統地進行創新感到懷疑。他們依然堅信，唯有天賦異稟的人才可能達成跳躍式進展與令人驚異的突破。他們堅持，這種成就是創意天才的專利，我們這些凡夫俗子可望不可即。絕大多數人不願相信我告訴他們的方法，直到親身體會，才成為真正的信仰者。

我最喜歡的一則「改信」故事可以追溯到二〇〇四年。奇異公司（General Electric, GE）邀請我到它著名的企業訓練機構演說，也就是位於紐約州克羅頓維爾（Crotonville）的威爾許領導力中心（John F. Welch Leadership Center）。

克羅頓維爾是奇異公司的文化重鎮，反映出奇異強調學習的企業精神。克羅頓維爾吸引了學界與企業界最優秀也最具影響力的人才前來，它的做法為全世界開創新猷。對數千名奇異公司員工來說，參加克羅頓維爾的課程是他們職業生涯的關鍵時刻。

我受邀開設一門半日課程，向四十名奇異公司的高級行銷人員講解創新。這些人員都經過挑選，參與為期兩週的進階發展課程，他們是奇異公司在全球各地最優秀的行銷人才。

課程進行到一半，一名參與者舉起手來。他一直靜靜坐著，一邊聆聽，一邊雙手抱胸，頭微微斜向一邊。他看起來明擺著不相信創新是有方法的。幾個小時以來，他一直用他的臉部表情與肢體語言表現他的譏諷。現在，他準備要發言了。「好的，我已經知道你曾在嬌生公司成功運用這套方法。也知道你的做法也許在醫療器材，或許還有消費商品上奏效，如寶僑的產品，」他說。他的語氣並沒有不禮貌。「但我有個疑問。一個很大的疑問。」他停頓了一下，這時，全室鴉雀無聞，你幾乎可以聽見針掉到地上的聲音，「你真的認為你的做法對奇異的商品管用？」

他說完之後，全場一陣沉默。然後，一個接一個，其他參與者也說話了：「好問題！」「說得對，我們奇異的產品也能這麼做嗎？」眾人點頭如搗蒜。大家原本放鬆地坐在椅子上，現在都挺直了身子。還有一些人開始插話，他們大聲地發言，好讓別人能聽見自己的意見。「似乎不太可能。」「我們的產品太複雜了。」「我們的市場已經飽和。」各種疑惑紛紛出籠。

我覺得無法招架。我從事工作坊已有很長一段時間，也總是預期聽眾會在某個時刻試圖「挑戰講者」。我甚至期盼這樣的時刻到來。因為這通常是工作坊的轉捩點，參與者可以自在陳述他們的看法。他們會開始提出真正的好問題，讓我有機會提出最堅實的證據與最有力的論點。但這回有點不一樣。感覺不像是一般企業課程裡良性的互動關係，反而像是一面倒的反對。這些人是認真的。如果我無法在這裡證明我們的方法在奇異公司一樣管用，這場戲就別唱了。

面對這種劍拔弩張的處境，我的原則很簡單：不退縮，不虛張聲勢，也不過度防衛。於是我說，「坦白講，我不知道我的方法在這裡是不是真的管用。讓我們來試試看。」我冷靜地說，但內心卻覺得深受挑戰。氣氛的確相當緊繃。在豪華的會議室裡，坐滿了穿著非正式服裝的企業行銷人員，他們很可能在瞬間變成羅馬競技場上的嗜血暴民。

我跟本書另一位作者傑科布提起這件事時，他吐了一口氣說，幸好他從未遇見過這種事。「我們這些學院裡的『實驗室老鼠』不擅長街頭鬥毆，」他說，「我的理論無法滿足你的聽眾。」他說得對。

我的腎上腺素開始分泌，血壓開始飆高，我在腦海裡快速思考後，選擇分割技術做為我的最佳武器，但願它能讓我迅速而有效地證明，創意可以有系統地運用，就像使用Excel表格程式一樣。

我對第一個發言的人說，「你可以舉出奇異任何一件商品做例子。」他想了一分鐘。我想著他會從奇異數千件商品中選擇哪一樣，不由得吞了吞口水。飛機引擎？發電機？燈泡？他選的都不是這些。

「冰箱，」他緩慢地說道，臉上帶著微笑。

與會者開始騷動。「好！冰箱！」「對！做個更好的冰箱吧！」我的心裡一沉。冰箱市場已完全飽合。「保冷箱」最早出現在西元前一千年左右，是埃及人發明的。多年來，廠商確實做了一些改良，但自從開始使用電之後，基本的設計就沒有太大變化。銷售量相對持平，這塊市場已經很久沒聽過創新一詞。凡是了解廚房家電市場的人，都不認為近期內這類家電用品會出現任何變化。顯然，我沒戲唱了。我可以看見會議室裡每個人都在對我微笑，他們都同意我的內心對我目前狀況的評估。

我要求聽眾告訴我冰箱的組件。他們每說一件，我就在掛紙板上寫下來。「門！」「架子！」「風扇！」「燈泡！」「製冰機！」「壓縮機！」隨著答案愈來愈少，我已經寫下十幾個組件。於是我請那位最先發難的人挑選一項組件，然後我會以這個組件應用分割技術。我猜他會選擇燈泡，因為奇異公司生產燈泡的歷史悠久。但我又錯了。

「壓縮機！」

全班都笑了。他們看好戲的興緻高昂。你如何把冰箱最必要的部分予以分割又重新排列，然後冰箱還要能夠運轉？而這麼做的目的又是什麼？

我保持鎮定，好讓討論能繼續進行。「好，壓縮機，」我說。「我們就把壓縮機與它的功能從冰箱拿走，然後把它放在封閉框架內的其他地方，只是不要放進冰箱內部。我們能把壓縮機放在哪裡？」

會議室裡陷入沉默，每個人都在思索著。我必須誇獎他們一下：他們的確願意嘗試。是的，他們預期（希望）我會失敗。但他們想光明正大地擊敗我。過了許久，會議室後頭終於有位女士說話了。「你可以把壓縮機放在外面，在屋子後面。」

我抓住這條救命索。「好！我們在心裡想像這個新樣態。根據功能遵循形式的原則，讓我們思考這麼做有什麼好處？誰會覺得這種冰箱具吸引力？這種冰箱的優點在哪兒？記住，我們只思考好處。現階段我們不解決技術問題。」

我注意到先前充滿嘲弄的臉孔，現在開始陷入沉思。有些人在筆記本上潦草寫著東西。沒有人露出不懷好意的笑容，也沒有人跟坐在隔壁的人交換看好戲的眼神。相反地，我看到的是一群充滿好奇、努力思索的專業人員。一名年輕人，顯然是會議室中年紀最小的，他提出一個看法：「把壓縮機放在外面，廚房會變得安靜許多。」一名年紀稍長的女性接著說：「廚房的熱氣會少一點。」另一名女性說，「如果壓縮機在外頭，冰箱維修會變得比較容易。顧客不一定非得在家不可。」另一個人又說：「冰箱的儲藏容量會變大。」

最後，有人講到了重點。「嘿，我想到了！」這是我先前從未聽過的聲音。一個戴眼睛看起來相當謹慎的男子舉手。「除了原來冰箱裡的食物，你還可以用壓縮機來冷卻其他地方的食物。」

這個說法讓我頗感興趣。「例如什麼？」我問。這個人有點畏縮，但還是勇敢地回答，「你可以把冰箱分成幾個體積較小的小冰箱，放在廚房各處。或許食物儲藏室有一部分也可以當成冰箱使用。」

「或許你可以製造一個小型抽屜式冷藏櫃，來保存像蛋這類的食品，」那名年紀稍長的女性說道。

「也許你可以製造一個蔬菜櫃或飲料櫃，讓你拿冷飲更方便，」戴眼鏡的男子又說。「你可以客製化整個廚房，以便利冷藏。你不一定只有一個冷藏櫃，而是有許多小冷藏櫃，而這些冷藏櫃可以與其他家電用品整合。」

我覺得大開眼界。原本一開始是對壓縮機進行功能分割，而後很快跳躍到對整個冰箱進行外形分割。

整個團體熱烈討論。我不再試圖引導對話。「你的家電部門有了全新的商業模式。」「我們可以把這個方案賣給房地產開發商，讓他們設計建造新住家。」「這可能會完全瓦解這個產業。我們會為這一行開啟全新的成長循環。」「那還是得要看工程師是不是真的做得出來，」有人提醒，但沒有人理他。每個人爭相提出自己的意見。就連最初那位冷嘲熱諷的人也微笑著提供自己的評論。

我坐下來，擦去額頭的汗水，鬆了一口氣。隨著我的課程時間即將終了，我終於能在休息時間喝杯咖啡，紓解一點壓力。然後我注意到，會議室後方有名女士沒有發言，但她在敞開的筆記本上寫了密密麻麻的筆記。我看著，她正好翻頁，繼續寫下更多的東西。我朝她那裡走去。「妳在寫什麼？」我問。她抬起頭，微笑著說，「我在奇異公司的冰箱部門工作，我今天聽到很多有趣的

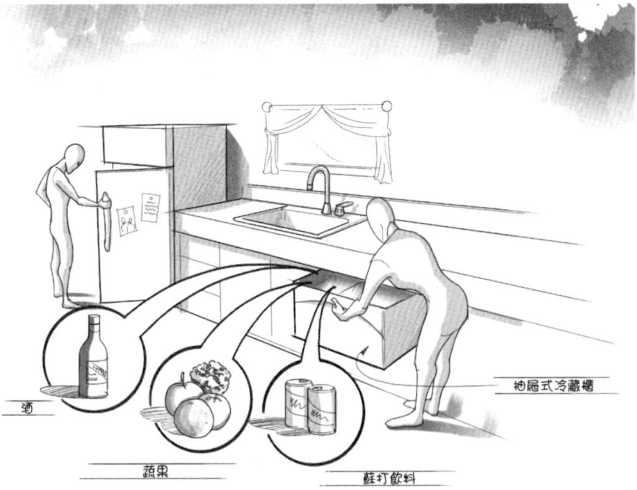

圖3.1

東西。」

幾年後，市場上開始出現與主冰箱分離的抽屜式冷藏櫃，包括奇異抽屜式家電用品Hotpoint系列。我不敢說這是我的功勞，但誰知道呢？我們已經看到，這個概念擴展後，出現與主烤爐分離的獨立抽屜式電暖櫃，這對忙碌的主廚來說，是極為便利的烹飪器具。

克羅頓維爾的課程，是我第一次向奇異公司未來的領導階層教導創新，之後還有許多類似的經驗。而第一次的講授給了我很好的啟示：人們需要親眼見識新的創新方法實際運作的狀況，最好是能運用在他們自己的產品或流程上，他們才願意相信這套方法。

人際關係小圈圈

如果你也在想這個問題，我的做法是把絕大部分的個人臉書內容都設為開放，供人觀看。我把部分內容設為私密，但我不認為有必要限制他人觀看我的朋友、家人或我的泰迪熊的照片;)

這篇二〇〇九年十二月的臉書貼文不是某個年輕女學生寫的，而是馬克・祖克柏（Mark Zuckerberg），也就是臉書這個巨大社群網路的共同創辦人與總工程師。與世上其他人一樣，祖克柏面對不同的朋友有不同的相處方式。就連他的泰迪熊也有特殊的地位——本應如此。畢竟，我們與朋友的關係影響了生活各個層面。人生如果沒有朋友，將會十分艱辛。我們結交的朋友形塑了我們的個人認同。

然而，臉書雖然主要與朋友有關，但臉書對於朋友的意義也有相當獨特的見解。在二〇〇八年臉書開發者會議（一年一度的獨立臉書程式設計師論壇）上，祖克柏表示，「在我們建立的世界裡，世界會更為透明，人們善待彼此會對自己有益。這一點對於我們試圖解決世界上一些問題會有重大影響。」

祖克柏信崇極端透明。「臉書的運作是基於某種哲學理念，它的創立者都是資訊分享的極端主義者。」根據祖克柏的說法，臉書的目標是讓世界更開放，連結得更緊密，以及更透明。他相信，讓溝通更有效率，藉此改善溝通，可以讓世界更好。他創立臉書，讓使用者將他們生活上認識的所有朋友全帶進數位空間裡。

但人生不是這樣運作的。每一段友誼都是獨特的。事實上，不同的朋友關係差異極大，因此要把所有的朋友關係強行放入單一、巨大、開放而且透明的數位空間裡，其實是相當不自然的。你會邀請某些朋友到家裡吃晚餐。你會找其他朋友帶他們的配偶與子女到公園野餐。有些朋友彼此之間相處不睦，你必須小心別讓他們碰面。這些做法都是再自然不過。人們總是會對自己的朋友分門別類。我們有工作上的朋友，有從小認識的朋友，也有學校認識的朋友。

友誼也會隨年齡增長而變化。我們開始工作之後，結識伴侶，生育子女，我們會結交也在工作、擁有子女的朋友。隨著歲月增長，友誼也變得更加重要。配偶與親戚去世之後，朋友會在一個人的生活中扮演著關鍵角色。

然而，儘管我們的朋友關係有著這麼大的差異，臉書依然想一視同仁地做到透明。除非你改變設定，否則你在臉書上的所有朋友都會看見你的其他朋友所說的每一句話。臉書也鼓勵我們不斷結交新朋友。我們的臉書朋友愈多，臉書人脈就愈有價值。

但這與現實世界不同。是的，我們可能擁有太多朋友。人類用來維持友誼的認知與情感「燃料」是有限的。朋友太多，友誼的品質就會降低。

英國人類學家羅賓・鄧巴（Robin Dunbar）曾設法計算最適的朋友數量。他的理論認為，「團體規模直接受制於相關新皮質的大小」。他的「鄧巴數」（Dunbar number）被承認是個人可以維持穩定關係的最大朋友數量，大概落在一百到兩百三十之間（不過一般認為一百五十是最理想的）。臉書有七億五千萬名使用者，其中大約有半數使用者的朋友數超過了鄧巴數。事實上，研究顯示，朋友太多會造成問題。

一個重要的論點：臉書的朋友不一定都是友善的，使用者在參與臉書討論時經常會產生負面情緒。百分之八十五的女性表示，臉書朋友的貼文有時會惹惱她們。普遍的抱怨是朋友使用臉書自吹自擂與「過度分享」。臉書使用者大部分都同意，有太多人抱怨，或是一意孤行地分享政治觀點，或是炫耀看似完美的生活。顯然，臉書的朋友很容易而且經常演變成亦敵亦友的關係。

伺機乘虛而入的搜尋巨人Google發現了這點。雖然Google很晚才加入網路社群競賽，但它於二〇一一年六月開啟的Google+服務，允許使用者將朋友區隔成不同的社交圈子，如同現實生活一樣。這個做法使Google+相對於臉書取得了一定的優勢。

就在Google+開始提供服務的第二天，Google便因為暴量的需求而不得不暫時中止新用戶註冊。三個星期之內，總共有一千萬名以上的使用者註冊。一年內，Google+達到四億用戶。

Google+吸引人們註冊的原因，在於它使用了功能分割。Google+假定你的每個朋友都有特定功能（特定類型），並因該功能而與整體（所有朋友）有所區隔。透過一種稱為Google Circles的功能，使用者可以把朋友區分成不同的團體，更有效地管理這些朋友的線上關係。

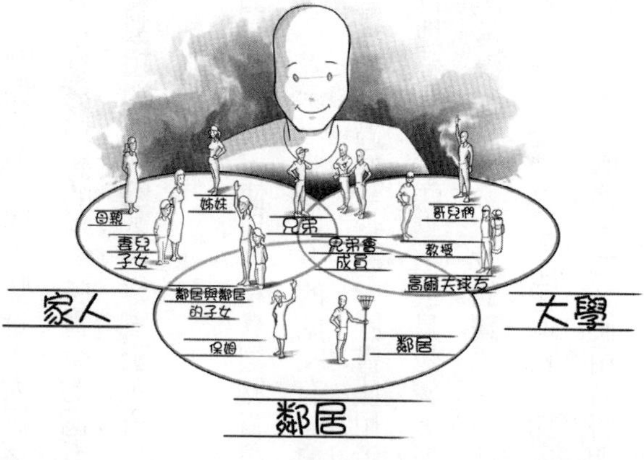

圖3.2

Google Circles讓人脈管理過程變得輕鬆愉快，介面也相當賞心悅目。

在Google Circles推出後不久，臉書便宣布一項進階策略，表示臉書將出現全新的朋友管理方式。猜猜看是什麼？是的，臉書的新「智慧名單」（Smart Lists）功能幾乎是Google Circles的翻板。臉書肯定使用者傾向於像現實生活般在線上管理人際關係，因此讓用戶將朋友分類。Google+花了很長的時間，用戶數才趕上臉書。但臉書的火速回應，顯示Google使用分割技術而產生的創新，確實打中臉書的痛點。

重新設計保險申請書

你必須填寫的書表當中，哪一種書表格式最傷腦筋？所得稅申報書？貸款申請書？對許多人來說，保險申請書最令他們望之生畏。

你也許認為，在經過這麼多年發展之後，保險公司應該已經想出能讓人輕鬆填寫資料的方式。事實上，保險公司已經從各方面簡化保險申請的表格。但這些格式主要受到政府管制，政府想確保每個人在購買保險時都能充分了解保險的內容。因此，保險申請書通常都很複雜，人們在填寫時很容易出錯。

保險申請書的每一頁都必須依照一定的順序填寫完成，填寫的資訊當然必須完全正確，否則申請書無效。保險業用一個詞來指這種現象：「not in good order」，或簡寫成「NIGO」。

這份表格是法定契約，因此可以理解為什麼保險公司要如此嚴謹。保險業的法務人員會非常仔細地檢查申請書的填寫是否正確，以確保保險公司一切合法。因此，只是小小的錯誤也會讓公司退回申請。

保險公司AXA Equitable跟同業其他公司一樣，對於這些規定感到十分挫折。保險業因為NIGO的關係而必須退件的比率高達百分之五十——而AXA的比率更高於此數。這就好像你在Google Maps搜尋，結果發現資訊只有一半是正確的。「我們試了各種方法，但毫無成果，」AXA退休服務部資深副總裁賈姬．莫羅爾（Jackie Morales）表示。「知道問題，不表示能解決問題。你以為你知道答案，但問題就是不斷反覆出現。」

AXA Equitable董事長感到十分挫折，他因此向員工提出挑戰。「我們要如何改善我們的退件率，同時又能提供好的產品與服務給客戶？」他設立正式專案，以解決退件率以及公司內部其他重要問題。他希望專案能有具體的成果，不希望大家只是做一些「空洞的腦力激盪」。

公司成立了創新工作坊，由來自各部門的人組成。起初，大家對於系統性創新思考感到懷疑，他們不認為這可以幫助他們解決長期存在的問題。「我們將教導各位如何創新思考，」系統性創新思考工作坊的領導人尤尼・史登（Yoni Stern）與希拉・佩爾斯（Hila Pelles）這麼告訴他們。職員們的反應相當典型：「我沒有創意！我只是個保險分析師！」然而，他們不久就會改變自己的想法。

藉由使用分割技術，AXA的職員創造出相當令人吃驚的組件清單。他們思考傳統的保險申請書，把上面的每一行字想像成獨立的組件。然後，運用功能分割，他們想像如果把每個步驟重新排列會發生什麼事。舉例來說，為什麼一定要先填寫姓名？結果，他們發現沒有理由非得將申請人的姓名、住址、出生年月日與所有個人資料都擺在申請書的最前面，或是非得把這些資料擺在一起不可。於是，職員拆分這些資料，並重新排列空間配置（亦即在申請書裡的位置）。

此時，他們靈機一動想到，「嘿，如果我們可以分割這些表格，就像拼圖一樣，為什麼我們不依照蒐集資料的順序排列這些表格？」這是個相當聰明的想法。團隊想像打算投保的客戶與保險代理人首次會面的狀況。保險代理人得知客戶的需求，而他蒐集資訊的方式迥異於保險申請書的表格。為什麼不調整保險申請書的表格，使其與保險代理人蒐集資訊的順序相符？

一旦他們「打破萬年保險表格的固著現象」之後，許多靈感便如泉湧般出現。舉例來說，他們發現有些表格內容可以「預先填寫」，也就是在保險代理人還沒拜會客戶之前就先填寫完畢。這樣可以節省處理時間，更重要的是，這麼做比較精確（減少退件率！）團隊開始檢視申請書的每個部分，然後提出一個簡單的問題：誰最有資格對哪個部分給予最精確的答案？團隊甚至進一步發現，申請書的表格不一定要同時完成填寫。他們使用分割技術，並且「在時間上重新安排」。於是，他們想出一份可以逐區、由最適當的人、在最適當的時間填寫的申請書，以確保最後在表格上出現的都是最正確的資訊。

團隊成員還想出許多改良保險表格的構想，但他們仍然面臨一個難以克服的難題。要真正改良保險申請書，可能性不高，因為要讓新格式獲得各州同意，十分費時費力，成本也相當可觀，更別說之後還要通過聯邦政府那一關。那麼，他們如何才能落實這些想法，製做出更簡便易行的保險申請書呢？答案相當別出心裁。他們使用有顏色標示的透明頁，覆蓋在舊的保險申請書上，協助保險代理人根據客戶的需求，找到需要填寫的部分。顏色標示出申請書需要填寫的部分。保險代理人只需照表填寫即可。舉例來說，如果客戶想保變額年金險，保險代理人只需要填寫綠色標示的部分就可以了。簡單！

分割技術有助於創造解決方案，而這個過程毋需使用昂貴的科技或複雜的程序。團隊只需以新的方式看問題。

「使用這種系統性的方法，就像站在瑞士策爾馬特（Zermatt）附近的馬特洪峰（Matterhorn）頂，」AXA的創新、研究與分析部門的副總裁哈莉娜・卡拉恰克（Halina Karachuk）說道。「我清楚記得從這個峰到那個峰，俯瞰相同一處的美麗河谷。但每個峰的視角完全不同，因此看見的河谷雖然相同，景色卻大異其趣。創新技術在處理退件問題時也有異曲同工之妙。」藉由分割技術，AXA的退件率減少了兩成，從而減少了數十萬美元的損失，更不用說為客戶省下了大量的時間。

「你不一定非得在像是蘋果或Google等矽谷公司工作才能創新，」卡拉恰克又說。「保險業不被認為是個創新的產業，但我們證明這是錯的。保險業能以循序漸進的方式創新，而且隨時都可以運用。」

重新安排訓練流程

流程協助我們完成事情。但是，流程太慢，怎麼辦？太多事在流程中進行，而時間不夠時，該怎麼辦？這時，分割技術就可以派上用場。

以訓練為例。想像你的公司在各個產業製造許多複雜的產品。你的業務員必須熟稔這些產品。他們也要知道如何才能最有效地把產品銷售給目標客戶。因此，公司下令，所有新進業務員必須參加為期六個星期的訓練課程。

但是，你的公司平均每個月會增加一項新產品到產品目錄。面對如此快速的擴張，你要如何管理你的訓練課程？你不可能每個月投入更多時間在當時的課程上。畢竟，業務員花多少時間受訓時，就等於有多少時間無法做銷售，無法產生收入。

琳恩・諾蘭（Lynn Noonan）的做法可以做為參考。琳恩在保健業龍頭企業嬌生待了二十一年，已是資深員工。她發展的銷售訓練課程已經訓練出一千多名嬌生銷售人員，負責銷售複雜的醫療器材給世界各地的外科醫生。諾蘭必須想辦法把持續增加的產品納入課程，卻又不增加整體的訓練時間。於是，她組成了跨功能的工作團隊，克服這項挑戰。他們使用了兩種分割技術。

他們使用功能分割技術，重新編排醫療銷售訓練課程。一開始，依照我們的老建議，先列出訓練流程的所有組件。接著，諾蘭發現醫療訓練可以區分成三種功能領域：解剖、流程與產品訓練。

首先是解剖訓練。傳統上，嬌生業務員的第一門課都是基本人體解剖。這類課程包括器官介紹，例如膽囊，這個小袋子儲存了肝臟分泌來幫助消化的膽汁。業務員必須了解膽結石如何出現在膽囊中，導致阻塞與疼痛，以及外科醫生如何使用嬌生的工具移除膽囊。其他解剖課程如胃、闌尾與肝，架構大致相同。

其次，業務員要學習一般的外科手術流程，包括治療肥胖症的手術、治療腸癌的腸手術、去除引發疼痛的膽結石的膽囊手術等。嬌生業務員必須徹底學習人體解剖與一般外科手術流程，才能學習如何將各項嬌生產品運用在世界各地的手術房裡。

諾蘭覺得這種做法極無效率。雖然業務員在六星期的訓練課程之初徹底學習了解剖學，但等到要學習某項手術流程時，往往已經忘了解剖學的內容，需要重新複習。同樣的狀況也發生在講師將手術流程與嬌生的外科手術工具與設備結合在一起的時候。

諾蘭的團隊把這三種功能領域（解剖、流程、產品）盡可能分割成最小的單位。他們把整個解剖訓練課程區分成幾個特定的身體部位：肺、胃、脊椎、膽囊等。他們把流程訓練分割成肥胖症手術、腸手術、膽囊手術以及其他一切相關的手術流程。他們把大量的產品訓練打散成以產品為中心的單元，創造出個別的模組，以嬌生關鍵的外科手術產品為中心，再旁及其他數百項嬌生在市場上推出的醫療器材與工具。

諾蘭的團隊把大量的課程內容編排成三組。每項解剖課程都伴隨特定外科手術流程的訓練，在進行手術課程時也同時教導如何使用嬌生特定的產品（見圖3.3）。

透過功能分割，諾蘭與她的團隊讓嬌生的訓練課程變得更有效率，學生可以適時獲得解剖與流程訓練。諾蘭說，「學生可以在最需要的時候獲得解剖與流程訓練：也就是學習嬌生公司特定產品的時候。」新做法省去了不斷複習的麻煩。

諾蘭與團隊不僅讓訓練更有效率，也大幅改善了訓練品質。客戶（外科醫生與其他醫療人員）的反應顯示，新式訓練課程讓業務員更了解嬌生的產品如何適用在醫療的生態環境裡，進而提升醫療成果。

但諾蘭與她的團隊並未因此滿足。他們繼續運用分割技術，將六個

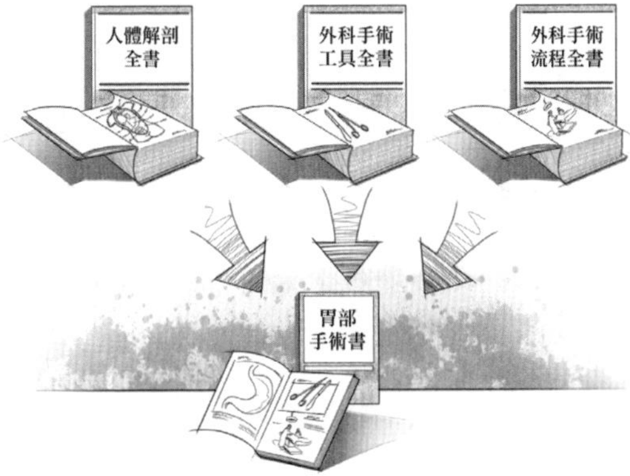

圖3.3

星期的訓練課程重新安排成更小的單元，每個單元只持續數天。他們把這些單元打散，使其分布在十二個月當中進行（這是透過時間重新安排的例子）。為了讓業務員盡快進入銷售領域，嬌生的業務員從受僱那天開始，就必須瞭解市場現況。他們不是先吸收大量的抽象資訊，而後再運用在銷售上，相反地，業務員必須加快腳步發展最重要的「街頭智慧」。等到他們走進教室時，已經很清楚顧客的想法與需要。這種訓練內容更有意義，更易於記憶，也因此更有效。

運用步驟

想充分運用分割技術，你必須遵循以下五項基本步驟：

1. 列出產品或服務的內部組件。
2. 把產品或服務以下列三種方式中的一種分割：

a. 功能（拿走一個組件，重新安排它的位置或它發揮功能的位置）。

b. 外形（根據外形分割產品或其中一項組件，然後重新安排位置）。

c. 保存（把產品或服務分成較小單位，各單位仍擁有整體的特性）。

3. 想像新的（或改變後的）產品或服務。

4. 提出問題：潛在的效益、市場與價值是什麼？誰會想要這種東西？為什麼他們會覺得這種東西有價值？如果這麼做可以解決問題，是否能構成改變的理由？

5. 如果你認為新產品或服務的確有價值，接下來要問的是：這麼做是否可行？是否真的創造出新的產品或能提供新的服務？為什麼可以，或為什麼不可以？你能否改良或調整，讓想法變得更為可行？

記住，三種分割技術不需要全部用到，但如果同時運用可以增加突破的機會，就另當別論。

常見陷阱

同時以空間與時間重新安排分割的組件

分割產品、流程或服務的組件後，重新在封閉世界的時間與空間中安排這些組件。重新安排空間時，你必須把分割出來的組件放在全新的位置上，例如，把冰箱的壓縮機放在房子外面。重新安排時間時，你要思考如何重新安排產品或服務，讓分割出來的組件出現的時間與其他組件不同；這時，分割出來的組件依然在原位，只是只在特定的時間出現。分租公寓的分時方案就是用時間做分割的例子。

留意一開始的組件清單，這將決定分割形式

光是一開始的組件清單就能讓你用全新的眼光審視你的處境。組件清單可以打破結構固著（你可以把整體視為許多小單位的集合）與功能固著（你必須把每個組件視為獨立的個體，並且思索它的角色）。還記得把組件寫在便利貼的訣竅嗎？就像敦克爾的實驗一樣，這種做法可以幫我們「把圖釘從盒子裡

全倒出來」。

遇到麻煩時，改變「解析度」

如果在封閉世界中重新安排組件似乎很奇怪或有困難，那麼你需要改變組件清單。你可以運用我們所謂的「解析度」來做到這一點。你可以從距離封閉世界很遠的地方來思考解析度。拉近景物，你可以清楚看見物體的個別部分，而且可以詳細地觀察組件。相對地，你可以拉遠景物，這時你看見物體存在於龐大的背景脈絡中。藉由放大與縮小封閉世界，你可以調整你的組件清單，從而想出更好的分割方式，產生創新。

以下是「解析度」運用的方式：想像你坐在客廳裡。你可以看見家具、照明設備、窗戶、地板與掛在牆上的畫。此時要使用分割技術，你必須考慮區隔與分割這些「組件」，使其與客廳這個整體分離開來。現在，把視野拉近到某個組件上，例如，掛在天花板的照明設備。把整個照明設備（而非整個客廳）當成封閉世界。辨識其中的個別組件：燈泡、將照明設備固定在天花板的鏈子、開關。思考你如何對這些組件使用分割技術。

最後，試著將視野拉遠到客廳之外，讓你的封閉世界包括鄰近地區的房子。你看到什麼組件？個別的房子？車子？消防栓？人行道？樹木？這些組件如何進行分割以增添價值？

分而治之

分割技術是思考時的自然產物。就像其他思考模式一樣，分割技術可以釋放創意，調節與疏導思考流程。關鍵是有系統地運用，也就是使用三種分割技巧。分割可以讓難題化繁為簡，進而輕易地克服問題。

第四章／加乘：增生繁多

掌握住機會，才有更多機會

——約翰・維克（John Wicker）

「它就像一頭黑牛矗立在芝加哥市中心，而且上面還有你的名字，」建築師布魯斯・葛拉漢（Bruce Graham）警告席爾斯羅巴克公司（Sears, Roebuck and Company）總裁戈登・梅特卡夫（Gordon Metcalf）。梅特卡夫想在芝加哥鬧區興建一座傳統的摩天大樓，他想用龐大的建築物象徵席爾斯零售帝國的榮耀。葛拉漢曾拒絕過一次，現在他又拒絕了第二次。他並不反對摩天大樓的概念。他只是覺得梅特卡夫的想法……該怎麼說呢？無趣。芝加哥需要多一座傳統式的摩天大樓嗎？

「身為世界最大的零售商，我們認為我們應該擁有世界最大的總部，」梅特卡夫說道。他希望這座高樓的規模與雄偉能令全世界的人都肅然起敬，就像葛拉漢之前為鄰近的百層大樓約翰漢考克中心（John Hancock Center）揭幕時贏得全世界的讚嘆一樣。

然而，建築高樓並不是容易的技術。首先必須克服建材本身的重量。其次，等建築物達到一定高度，工程師就要開始考量建材重量（靜荷重）與建築物所容納人員與物品的重量（活荷重）。建築物愈高，總荷重就愈大，建築物所需的建築基地就要愈寬廣。工程師也要謹慎設計高層的樓層，每往上一個樓層，面積應漸次縮小，重量要逐漸減輕。

要理解這個道理，只需想像你要在肩上扛另一個人。很難，對吧？接下來，如果要在第二個人肩上再站一個人。然後在最上面又再站一個人，除非你特別強壯（或是受過特殊訓練的馬戲團表演者），否則這樣的重量絕非一般人所能承受。但是，你應該看過疊羅漢，也就是運用所謂的「人體金字塔」結構，五個人站在地上，可以輕易用肩膀抬起四個人；而這四個人又可以抬起三個人；三個人可以抬起兩個人；最後，有一個人站在金字塔的最頂端。一個體力一般的普通人，可以堆起五個人高的人塔，原因在於底部有足夠的人可以分攤重量。

不過，這類結構高度受到物理學的限制。如果地表沒有無限的空間，就不可能無限往上堆高。試想：要再加高一個人，唯一可能就是增加底層的支撐人數。想加高到第六層，需要再找六個人，也就是每一層要多一個人；想加高到第七層，需要再找七個人；以此類推（見圖4.1）。

建築也是同樣的道理。以傳統的磚造房屋來說，想增加樓層，就必須把底層的牆壁加厚。傳統磚造建築如果蓋到十層樓，一樓恐怕就沒有使用空間了，因為牆壁的厚度會占掉整層樓。

因此，從十九世紀末開始，建築師開始轉而使用鋼骨（第一座鋼骨建築是一八八五年建成的家庭保險大樓，同樣位於芝加哥）。鋼鐵使建築師可以用鋼柱連結各層的鋼樑，建造更高的建築物。水平鋼樑之間有鋼骨呈對角線交叉支撐，增添額外的結構承受力。早期的摩天大樓本質上是方形的鋼骨結構，外表覆以薄薄一層以玻璃或其他物質構成的「帷幕牆」。

圖4.1

即使有了鋼骨，梅特卡夫想建造的六十層樓建築物還是需要面積龐大的基地。而葛拉漢知道，如果席爾斯公司未來想搬出這座建築物（事實上，席爾斯公司確實在一九九三年搬出這棟大樓），那麼要找到一家與席爾斯規模差不多的公司來接管這棟大樓是不可能的。這座建築物或許將有數年的時間會完全沒有人使用。

此外，葛拉漢還有別的顧慮。鋼骨設計因為風切的關係，也有高度限制。高層建築必須承受得住橫向的高空風力。他如何設計一座摩天大樓，頂層有足夠空間供租戶使用，底層的空間又不能太多，而且還要能抵抗風力，特別是在有風城之稱的芝加哥？

梅特終於讓步，葛拉漢可以自由創作他想要的設計。他才剛完成約翰漢考克中心，接下來他野心勃勃地想為自己錦上添花，再記一筆壯觀的成就。擁有三英畝的建築基地與大財團財務的撐腰，再加上大權在握的芝加哥市長理查・達里（Richard J. Daley）的政治支持，葛拉漢希望抓住這個機會，建造讓全世界刮目相看的非凡地標。唯一的問題是怎麼做。

他決定讓建築物呈圓形而非方形。

圓柱建築比方形建築多了一個關鍵優勢：它們可以讓風偏斜。圓弧表面，加上埋在外牆裡堅韌有彈性的樑柱，特別有利於抵抗風切。圓柱形建築物也極具成本效益，因為它們造價遠低於矩形建築物。

葛拉漢過去曾建造過圓柱形建築。但他還想在這個創新設計上多加一點巧思。於是他想到一個點子。

興奮的葛拉漢與他的搭擋工程師法茲勒・坎恩（Fazlur Khan）約好一起吃午飯。葛拉漢拿出一包菸，然後把菸全倒在桌上。他一把抓住九根菸。九根菸全朝著天花板直立，就像九座迷你圓柱建築。然後，葛拉漢把其中一根菸抽高一英寸，讓這根菸的頂端高於其他八根菸，不過這根菸仍與其他的菸緊緊握在他的手中。葛拉漢又抽起另一根菸，但這根菸的頂端與前一根菸高度不同。然後下一根菸也一樣。很快地，這九根菸雖然仍彼此相鄰，但每根菸的頂端高度都不一樣（見圖4.2）。

葛拉漢問坎恩，「這麼做行得通嗎？」他想以像蜂巢般連結不同高度的圓柱建築，構成一棟巨大的建築物。

葛拉漢的做法完全不同於典型的圓柱建築，後者當時都是單一圓柱。在此之前，沒有人想到運用他的做法。葛拉漢增加圓柱建築的數量，讓每一座圓柱建築呈現些微不同的關鍵特點（例如高度），因此設計出世界最高的建築物。如果你用Google搜尋芝加哥的席爾斯大樓（Sears Tower），從遠處望去，這座一百一十層建築物看起來就像葛拉漢用來解釋構想的那包香菸。

葛拉漢知道，這種聚集多個圓柱建築的設計要比傳統的方形建築乃至於單一的圓柱建築更為多變，因為每個圓柱可以呈現出不同的形狀，而且可以構成不同的樣貌。

不管葛拉漢是否自覺到，他使用的技術剛好是本章的主題，我們稱之為加乘技術。與其他技術一樣，加乘可以做為思考架構，讓你運用創意突破現有產品、服務與流程的局限。不同於簡化（第二章）或分割（第三章），加乘的做法是增加產品或服務的封閉世界裡的組件（是的，目前為止來看，似乎小學算術課本裡的加減乘除法都可以充

圖4.2

當創意技術。然而，事情沒有那麼簡單。加法——單純地加上組件，不在傑科布研究發現的創新模式裡。）

與其他技術一樣，一開始你必須列出特定封閉世界裡的組件清單。首先，選擇一項組件，然後增加（在葛拉漢的例子裡，他增加了典型圓形建築的圓柱數量）；其次，改變已增加的組件，使其具獨特性。換言之，每一次增加原始組件（你可以想成是複製，這樣比較容易概念化），都必須增添一個或更多的新特質。如此應該會產生全新的產品或服務樣態，或許能改善原有的產品或服務，或是產生全新的創新。

葛拉漢建造席爾斯大樓時使用了加乘技術，他一共建造了九座大樓，每座大樓的高度都不一樣。把用來連結各個大樓的特製鋼骨焊接起來之後，這九座圓柱大樓就變成了一座大樓，比原先的單一圓柱大樓擁有更大的結構整體。同時，這座巨大建築就跟單一圓柱大樓一樣，可以抵擋風切。

葛拉漢的思考流程與加乘技術的模式相同，但他也可以輕易運用上一章提到的分割技術。他可以使用相同的元素（建築物），然後沿著高聳而垂直的外形線條進行分割，把一座建築物分成好幾座建築物。我們在教授這些方法時經常看見這種現象：兩種或更多種的技術可以產生相同的創新點子。如果葛拉漢讓這幾座建築物的高度與功能完全一樣，我們可以說這是一種保存分割。

每一種技術都可以產生創新點子。分割技術以三種方式切割組件（功能、外形或保存），然後在時間與空間中重新組合這些組件，反觀加乘技術則是複製並且改變組件。

葛拉漢設計並且使用加乘技術所建造的這座大樓，從一九七三年落成那天開始就成為世界第一高樓，一直持續到一九九八年馬來西亞吉隆坡的雙峰塔（Petronas Twin Towers）建成為止。儘管失去第一高樓的頭銜，席爾斯大樓仍是芝加哥天際線的地標。二〇〇九年，這棟大樓易主之後改名為威利斯大樓（Willis Tower）。不過，如果你在芝加哥問路，別問威利斯大樓怎麼走。路人聽到這個名字，只會一頭霧水，他們依然習慣席爾斯大樓這個舊名。

自從葛拉漢建造了多圓柱大樓之後，許多摩天大樓紛紛仿傚這種方式，包括雙峰塔、中國上海的金茂大樓，而過去二十年來建造的高樓多半也都採用這種方法。目前居於世界第一高樓的一百六十層杜拜哈里發塔，顯然也是受到葛拉漢創意的影響。

刀刃大競賽

你也許會懷疑（你不是唯一這麼想的人），加乘技術如何創造出真正原創的事物，畢竟這項技術只是單純地複製已經存在的事物。這麼做如何能稱之為原創？

答案很簡單：原創性與靈感源（複製的組件）無關，而和如何運用複製物有關。當然，光是製做與原來物品完全一樣的東西不能算是創作。但是，當你複製原有物品、系統或流程的某個面向，加以變化並產生嶄新而有用的效果時，這就是原創力。

讓我們走下葛拉漢高聳的摩天大樓，回來討論一項世俗產品：從青銅器時代以來，男人一直在用的單刃刮鬍刀。一九七一年，吉列公司（Gillette）引進TRAC II雙刀刃刮鬍系統，以雙刀刃取代單刀刃。人類即將迎向刮鬍刀刃增加的大競賽。

雙刀刃要比單刀刃更能把鬍子刮得徹底，因為每個刀刃的功能不一樣。第一片刀刃會拉起鬍鬚，使鬍鬚在第二片刀刃抵達前不會縮進皮膚裡。第二片刀刃的角度與第一片略有不同，可以切斷鬍鬚。瞧！鬍子刮得更乾淨了，這一切都是因為必要組件在經過複製後又做了改變的緣故。在本例中，改變的是刀刃的角度，第二片刀刃因此有了不同於第一片刀刃的功能。

TRAC II是第一個在美國量產銷售的多刀刃刮鬍刀。該產品推出後，便在刮鬍刀產業引爆增加刀刃的熱潮。吉列的競爭對手舒適牌（Schick）與威爾金森刀具公司（Wilkinson Sword）也各自引進了多刀刃產品。一九九八年，吉列進行反擊，推出了Mach3，也就是三刀刃刮鬍刀。然後舒適牌推出Schick Quattro，也就是四刀刃刮鬍刀，再度超前吉列！最後，吉列以勝利者的姿態在二〇〇六年推出Fusion。Fusion前方有五片刀刃，後方有一片刀刃用來「精確修剪」。

不難想見，深夜喜劇一定會以這種一來一往的競賽做為搞笑題材。但競爭會到此為止嗎？或許不會（在YouTube上搜尋Rontel 7-Blade Razor，你會看見有人用爆笑的方式嘲弄刮鬍刀廠商不斷增加刀刃）。

對我們來說，真正值得探討的是這些產品是否真的具有創新性？它們是否反映出真正的創意？或者只是行銷人員操弄的行銷手法？

我們認為，吉列首次推出的創新雙刀刃，是運用加乘技術，為刮鬍刀設計帶來真正嶄新而令人驚奇的突破，但接下來推出的產品幾乎都可預期（而且無趣），它們既不具原創力，也缺乏創意。以加乘技術的定義來看，加乘不只是增加原物的數量，而是在增加數量的同時也進行改造。

我們相信，當你對每個增加物、複製品或組件做點小變化，就能讓增加的事物與原物產生差別，這就是創意的表現。此外，當複製品做了改變之後又與原物結合在一起，此時整個產品自然產生了真正的變化。以TRAC II刮鬍刀來說，複製的刀刃與原本的刀刃功能完全不同。之後的第三片、第四片刀刃呢？這個嘛，恐怕就了無新意。

讓我們看看，有什麼適當的方式可以複製組件，增加新鮮而原創的面向，讓產品、服務與流程變得更有價值。我們已掌握到祕訣，而它的效果會令你驚奇。

加乘技術如何運作

葛拉漢用一包香菸來表現新的建築形式，這的確是非常聰明的做法。在葛拉漢設想出以獨特的多柱模式來建造席爾斯大樓之前，他在面臨艱鉅挑戰的同時卻也已對初步解答胸有成竹：圓形建築。

我們建議大家在使用加乘技術時要採取不同的做法。深入未知領域，先不預期合乎邏輯或務實的創新。也就是說，別想太多，先行動再說（也就是去做媽媽警告你別做的事）。

如果你在封閉世界裡隨機加乘某個組件（任何組件都行），會怎麼樣？也就是說，事前完全不分析這麼做有何好處，而是直接複製某個事物，任何東西都行。你甚至還搞不清楚問題在哪裡，就深信自己在某個封閉世界裡複製與改變某個組件，必定能產生具有創意的解決方法，但結果是否真是如此？

這個問題是加乘技術的核心。事實上，這個問題也是本書所有技術的核心。我們提及這一點，因為我們希望讀者可以從各個模式（各種技術）中看出規則。

加乘技術之所以有用，主要是因為它違反直覺。加乘技術能建構創意的思考流程，迫使你創造出毫無道理的東西，至少一開始是如此。是的，我們繞了一大圈，又碰見固著心態這個老朋友。透過加乘技術，我們可以打破結構固著的盲點，也就是避免把事物視為一個整體。當事物不是以平日常見的方式呈現時，結構固著會蒙蔽我們，使我們認為這樣的事物沒有價值。舉例來說，想像你看見一根釘子有兩個頭：其中一個頭位於釘子的頂端，另一個頭位於釘子的側面。這根釘子馬上引起我們的注意。我們認為它一定是個瑕疵品。由於結構固著的關係，我們傾向改正奇怪的部分，讓釘子回到只有一個頭的樣子。我們必須克服這種反射動作。還記得「功能遵循形式」嗎？我們應該遵守這個原則。如果我們逼迫自己尋找雙頭釘子的好處，確實可以想出具有創意的點子。舉例來說，第二個頭也許可以讓你在釘釘子時用來扶住釘子，以免鎚中拇指。或者，第二個頭可以掛東西。功能遵循形式有助於破除固著心態，面對看似古怪的外表，我們應該先試著接受它，然後想像它能有什麼用處。

挑出某個組件，複製後略做改變，重新想像產品或流程可能的樣子或可能的運作方式。現在，在你面前的是一個全新物品。此外，你還有個難題要解決：你必須推敲出這個全新物品是什麼。你要問自己幾個基本的問題：這個新產品或新流程的好處是什麼？誰需要這些東西？為什麼？他們在什麼狀況下會使用這些東西？換言之，功能遵循形式。

要決定如何改變組件是需要練習的。首先，挑選一個特出而顯眼的組件。一個訣竅是從組件中最明顯的特徵下手。另一種做法則是以不易察覺的方式改變這項特徵。

加乘技術是相對簡單而直觀的概念，但別被這個特點愚弄了。這項強大的技術曾讓數十個產業起死回生，並催生數百個新產業。在一些例子裡，把加乘技術運用在某個產業的產品、服務或流程上，會刺激其他產業出現。以下我們介紹幾個驚人的例子。

加乘技術促進整體產業發展

加乘技術隱身在歷史上最令人振奮的發明背後，它的力量一直未獲得真正的肯定。以攝影技術為例。攝影技術的誕生與數世紀以來許多重大進步，均源自加乘技術。讓我們透過這項強大技術的透鏡，了解加乘技術如何形塑我們每日看見的事物：影像。

來自物體的光穿過針孔時，奇事發生了。縮小的物體影像會投射在針孔另一邊的表面上，只不過影像會與物體顛倒。這種「針孔現象」早在數千年前就已被發現。希臘哲學家亞里斯多德注意到，「日光穿過小的開口，如樹葉之間的縫隙、篩孔、編籃的小洞，乃至於交錯的指縫時，會在地面上產生斑駁的圓形圖案」。希臘數學家與天文學家提昂（Theon of Alexandria）觀察到，「燭光穿過針孔會在布幕上產生亮點，而這個亮點與針孔及燭火成一直線。」

針孔現象是一切攝影術的基礎。它也是加乘技術模式的例子。當我們用相機拍下照片，等於捕捉了物體反射的光線，將光線複製在媒介物上，藉以複製物體影像：這個媒介也許是數位晶片，也許是傳統底片。雖然相機運作的基本知識已存在了數千年，但人類最早捕捉的攝影影像，卻要等到一八一四年約瑟夫・涅普斯（Joseph Niépce）實驗最初的照相製版法時才出現。

事實上，加乘技術不僅開啟、還持續形塑攝影產業。一八四一年，威廉・塔波特（William Fox Talbot）獲得製造負片的卡羅法專利。負像底片完全複製了原始的影像（正片），只是曝光時完全顛倒過來，亮處變暗，暗處變亮，反之亦然。當底片洗好後，影像就成了負片。然後負片再以相同過程沖洗一次，影像就會變成正片，也就是我們平日看見的影像。這個兩階段過程使相片產生正確的影像。負像底片讓攝影師可以製作大量的正像照片。

一八五九年，湯瑪斯・薩頓（Thomas Sutton）使用加乘技術創造出第一台全景相機，並且獲得專利。薩頓對相同景物連續拍攝多張照片，並且將所有的照片結合成一個寬廣的全景視野。還是一樣，藉由大量製作原始的組件（風景照片），並些微改變複製品的角度，薩頓創造了全新而原創的照片。

一八六一年，加乘技術又獲得另一項成果，醫生奧利佛・霍姆斯（Oliver Wendell Homes）利用這種技術發明了立體看片機。這種技術稱為立體映像，也就是把兩個影像並列，分別以左右眼各自觀看，如此就會產生影像深度的錯覺。影像是相同的，但經過「複製」並且做了改變：左右眼各自看著一個影像。大腦會把平面的兩個影像結合起來，構成具有立體深度的影像。

同樣在一八六一年，詹姆斯・馬克士威（James Clerk Maxwell）使用加乘技術創造了第一張彩色照片。他對著格子花紋的緞帶連拍三次，每次都更換一次濾鏡顏色，才拍出這張相片。事實上，馬克士威是把數次拍攝黑白照片的流程結合起來。一次濾鏡是紅的，另一次是綠的，第三次是藍的。當他把三個影像結合起來時，格子花紋的緞帶照片就會呈現出全彩。

增拍靜止的照片，但每次拍攝均略做調整，將會產生另一個具開創性的發明。一八七八年，英國攝影師愛德華・邁布里吉（Eadweard Muybridge）使用二十四台照相機拍攝一匹奔馳中的馬。他把相機排成一列，快速地依次按下快門。每一台相機都捕捉到馬兒在些微不同的運動狀態下的樣子。邁布里吉把這二十四張彼此之間只有些微不同的馬兒照片貼在滾筒上，然後使用硬曲柄來轉動滾筒。照片中的馬就像在奔馳似的。邁布里吉因此創造出第一張「動態照片」。加乘技術的使用，最終開啟了今日票房動輒以數十億美元計算的全球電影娛樂產業。

相機攝影術使用的透鏡，其演進也仰賴加乘技術。一八〇四年，威廉・沃拉斯頓（William Hyde Wollaston）發明了新月形的凹凸透鏡。這種新月形透鏡使用在簡單的自由對焦箱形相機上，包括著名的Kodak Brownie。但攝影師想要有更多的變化。於是，相機製造商增加了基本透鏡的數量，並且改變透鏡的形狀，進而創造出一整套的透鏡光譜，每個透鏡都能提供略微不同的景物拍攝影像。今日，攝影師為了達成不同的效果，會使用不同的透鏡：特寫、遠距離、廣角，甚至模糊或有點扭曲，以產生不同的現實樣貌。新型的相機機身裡都附有各種不同的鏡頭，只要按下按鈕，就可以用不同的鏡頭，拍出不同角度與效果的照片。

加乘技術也刺激了其他的攝影發明。大多數人都有這樣的經驗，有時拍攝人物或動物時，照片上總會出現泛著奇異紅光的眼睛。這種狀況通常出現在周圍的光線不足而你又近距離地開啟閃光拍攝。相機射出的閃光因為在剎時間發生，被拍攝者的瞳孔來不及收縮，閃光因此通過瞳孔，碰到眼球後壁反射，又從瞳孔穿出。反射出來的光線變成紅色，這是因為眼球後壁有血流通過的緣故。相機捕捉到被拍攝者的眼睛光線因此是紅光，而不是眼睛的自然顏色。

專業的攝影師已經找出避免「紅眼」的訣竅。舉例來說，他們會把閃光燈與相機分離，並且將閃光燈置於被拍攝者的旁邊，利用牆壁或天花板反射閃光，以避免紅眼效果。但對絕大多數業餘人士（也就是我們）來說，購買與攜帶昂貴的閃光燈設備並不可行。這時，還是靠著加乘技術找出解決辦法。

一九九三年，Vivitar公司的羅伯特‧麥凱（Robert McKay）取得克服紅眼的專利。他的解決方法是製造一部擁有雙閃光的相機。當你按下相機按鈕時，相機會在快門開啟前先出現「拍照前」閃光。第一道閃光會讓被拍攝者的瞳孔收縮。然後相機會出現「增加的」第二道閃光，為實際拍照提供充足的光線。由於被拍攝者的瞳孔已經因為第一次閃光而略微收縮，因此最後拍攝到的影像不會出現紅眼。今日有許多數位相機使用了麥凱的減少紅眼技術，因此即使是最不講究的攝影者也能拍出毫無瑕疵的照片。

時裝攝影師也使用一種由加乘技術而來的功能，幫助他們在對模特兒瘋狂按下快門時省下寶貴時間。攝影師沒有時間等底片回捲再裝填新底片。也許對大多數人來說，三十秒不算什麼，但對這些職業攝影師來說，三十秒卻足以破壞時裝拍攝的流暢感。怎麼解決？這些攝影師的相機有一種功能，拍攝時不是逐格使用底片，而是拍一格空一格，也就是說每隔一格拍一張照片。底片拍到最後並不回捲，而是繼續反方向使用之前跳過的片格，再一路往前拍到頭。拍完的同時，底片也捲到最前面，攝影師因此不需要花時間等底片回捲。

失去平準的水平儀

加乘技術不僅造就了攝影與電影產業，也為數千年來一直停滯不前的產業帶來革命。這正是保羅．史坦納（Paul Steiner）在卡普羅（Kapro）工業公司實現的成果。保羅的故事也說明，選擇組件進行複製與改變可以帶來多大的好處，也清楚顯示哪一種「改變」有資格稱為真正的加乘技術。

首先，讓我們回到五千年前。古埃及人建造大大小小的建築物，這些建築物的非凡之處，在於能夠舖出完美水平的地板，立起精準垂直的柱子。他們是怎麼辦到的？他們使用一種簡單的木製工具，外表看起來像A這個字母，上面用線綁著一塊金屬鍾，這種工具稱為曲尺水平儀。往後三千多年，這項工具在技術上並未出現太多進展。直到一六六一年，法國科學家特夫諾（Melchisedech Thevenot）才發明一種工具，讓水平測量變得更為容易。特夫諾的工具由兩個裝著礦油精的曲線玻璃管構成。每個玻璃管都留了一個小氣泡。如果你把這個工具放在地面上，那麼它可以告訴你這塊地有多平：如果地面不是真的水平，那麼氣泡就不會保持在玻璃管的中間位置。由於特夫諾的發明，

今日的木匠因此可以藉由讓氣泡維持在玻璃管的中間位置，抓到建築物地面的水平線。（見圖4.3）

埃及人與特夫諾的工具，都是根據同一個已流傳數世紀的觀念發展出來的。同樣的觀念衍生出革命性的新工具，你可以想像，這項工具在建築業會引發如何的迴響。

我們現在就去看看史坦納與他的卡普羅團隊。

一九九六年，卡普羅僱用了九十名員工。卡普羅的主要產品是各種氣泡水平儀，以滿足營建市場的需求。史坦納與他的團隊

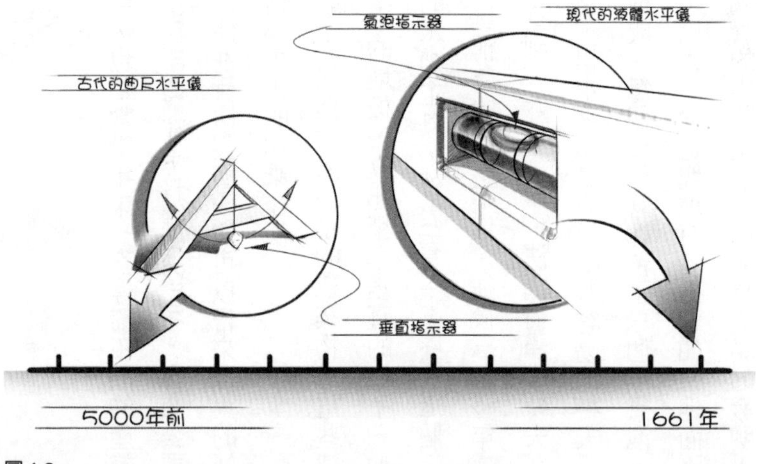

圖4.3

成功運用了加乘技術，創造出新型的熱門商品：一種幫助建商興建鋪設非水平地面的氣泡水平儀。在製造水平儀的世界裡，這簡直瘋狂，但也是項創舉。

故事一開始，有客戶給卡普羅公司出了個有趣的點子。這個客戶是家專業承包商，與所有承包商一樣，他需要品質最好的酒精水平儀（之所以稱為酒精水平儀，是因為水平儀的小玻璃管裝滿了礦油精，這種液體比水來得濃稠，因此能讓氣泡保持完整）。他認為，鉛錘式水平儀也許可以再改良。木匠使用鉛錘式水平儀確保柵欄木樁與牆壁能保持完全垂直。少了這種工具，柵欄、房屋與牆壁可能或多或少會有點傾斜。

這個客戶的小創新，其實相當聰明。他在鉛錘式水平儀的前方加了一面鏡子，這樣他就可以從前方看見氣泡管。他不需要靠著牆，轉頭看水平儀的側面。鏡子擺放的位置剛好可以把氣泡的樣子反射到前方，原理跟孩子製作的玩具潛望鏡是一樣的（如圖4.4）。只要在鏡子上下點巧思，這個發明本質上等於是「增加」了氣泡管的數量，儘管它增加的只是視覺影像。史坦納的客戶在不知不覺中運用了加乘技術，創造出新的產品。

史坦納對於這項發明印象深刻，卡普羅也申請了專利，並且設計全新的鉛錘式水平儀並上市販售。但這個經驗也讓史坦納感到擔憂。如果客戶可以用一面簡單的鏡子創造出受歡迎的產品，那麼這樣的發明會不會接二連三地出現？他是不是錯過了發明更熱賣商品的機會？有沒有辦法複製客戶的經驗來為卡普羅其他的工具創造發明？

之後不久，史坦納聽了系統性創新思考的演說，也就是運用模板產生創新的新方法。在演講中，他聽到了加乘技術。此時，他靈光一

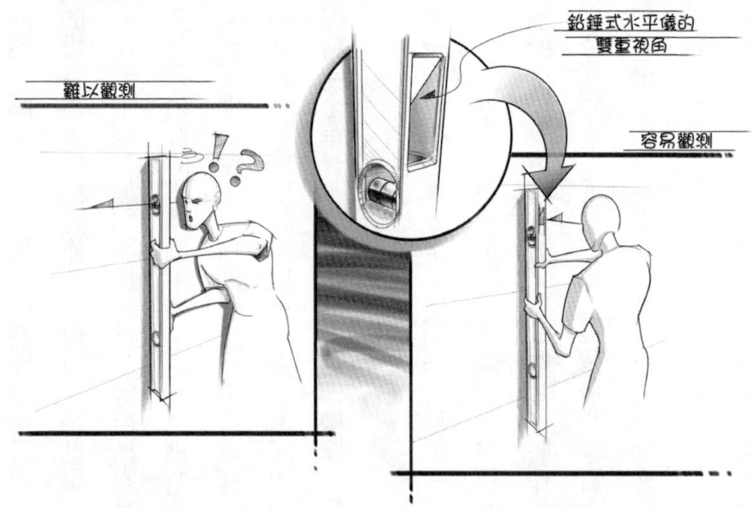

圖4.4

閃，發現這個方法與他的客戶用來發明新鉛錘式水平儀的方法是一樣的。史坦納深信，他已經找到客戶使用的方法。他不用仰賴偶然，相反地，他可以有系統地將這個新流程應用在卡普羅所有的工具上，以創造新工具。

史坦納知道，想知道這個技術是否管用，唯一的方法就是付諸實務應用。他排定工作坊的日程，而且聚集了各部門的員工，如銷售、行銷、研發與財務。身為執行長，史坦納覺得這個工作坊對公司未來的成敗至關重要，於是他也親身參與。

就在工作坊第一次召開時，參加者已經開始使用加乘技術。史坦納與系統性創新思考的會議主持人認為，如果加乘技術在上一種商品的效果這麼好，那麼它或許很適合做為起點。

他們開始尋找水平儀最重要的組件：裝有液體與氣泡的玻璃管。根據我們的經驗，這需要很大的勇氣。絕大多數團隊都會避免直接朝最必要的組件下手。

然而，他們接下來做的需要更大的勇氣。儘管氣泡水平儀數百年來一直是「水平的」，但史坦納與他的團隊增加了玻璃管，並且將玻璃管改變為「非」

水平。這需要非凡的膽識。畢竟，卡普羅審慎而精確地製造水平儀，公司裡每個職員都受過測試與校準水平儀的訓練，好讓每個水平儀都能維持零度的完全水平。當他們構思的水平儀，裡面的氣泡管完全偏離中心時，我們不難想像人們臉上會出現什麼樣的奇怪表情。研發團隊努力要找出這麼做有什麼用處，但一開始實在找不出合理的理由。

所以，重點是什麼？卡普羅團隊現在的水平儀配置了三個玻璃管，每個玻璃管都依照不同的角度予以校準：完全水平、傾斜一度與兩度。這個想法看起來很愚蠢，但這款水平儀卻成為熱銷產品（見圖4.5）。

第一個經過校準的玻璃管顯示表面完全水平，符合傳統的水平儀功能。但是，其他兩個經過校準的玻璃管則只有在表面偏離水平線一度或兩度時，氣泡才會在中央。

為什麼有人想要能顯示地面與水平線偏差一度或兩度的水平儀？事實上，確實有許多人想知道如何精確標定地面的「坡度」。許多建設計畫要求設置斜坡。例如，餐廳廚房的地板需要有點坡度，地板上的水才能流入排水區。沒有卡普羅的新水平儀，許多承包商鋪設地板時必須在地面注水，以測試洩水坡度。但是現在，頂級水平儀可以精確告訴承包商，地板的坡度和方向。

只是簡單地應用加乘技術，就改變了五千年來的測量水平概念。

推出新式水平儀之後，連續六年，卡普羅每年的內部成長率都超過百分之二十五。百分之二十的銷售額來自於推出不到兩年的產品。在這段時間，卡普羅的營收增為兩倍，獲利率增為三倍。從單純增加基本工具組件來說，這樣的營收並不壞！

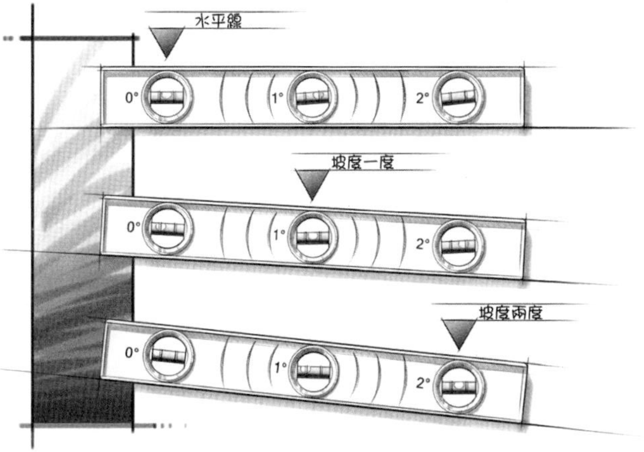

圖4.5

采采蠅出沒？讓牠們繁殖多到滅絕為止

運用加乘技術一個有效卻違反直覺的方法，就是加乘最令人頭痛的組件，然後改變這些組件來解決問題。沒錯，就是把你打算去除的東西數量變得更多。重點在於複製問題最多的組件，然後想像這些複製品有何實用。有兩名研究員使用這個技術，為對付危險昆蟲的做法帶來革命性的影響。

采采蠅傳遞的疾病每年造成超過二十五萬人死亡。就算沒有因為采采蠅的叮咬而死亡，也幾乎一定會染上昏睡病。昏睡病是一種可怕的疾病，會讓病人的腦部腫脹，並出現一連串疼痛與使人衰弱的症狀。染上昏睡病的人會感到困惑與焦慮，喪失身體的協調性，而且在睡眠中經歷嚴重的崩潰。病人感到非常疲勞，因此會睡一整天，但到了夜裡又會因為失眠而無法入睡。如果不醫治，昏睡病會讓患者的精神日漸衰弱，直到陷入昏睡乃至於死亡為止。

采采蠅為害人類的時間相當漫長。但只要使用加乘技術，就能在不到一年的時間裡將整個地區的采采蠅完全消滅。

故事開始於一九三〇年代。美國農業部有兩名科學家，雷蒙・布希蘭德

（Raymond Bushland）與愛德華・克尼普林（Raymond Knipling），他們在德州梅納德（Menard）尋找方法，想消滅在中西部地區危害牛群的螺旋蠅。他們想除去害蟲，卻不想噴灑致命的化學藥劑，以免影響牛乳與牛肉的產品。到了一九五〇年代初期，這些害蟲每年造成美國肉農與酪農兩億美元的損失。在本書提到的大多數技術下，問題的解決一定伴隨著某種固著形式的破除，在這個例子裡是功能固著。在布希蘭德與克尼普林提出建議之前，許多科學家的思考陷入固著的觀念中，無法產生創意，他們的腦子不斷繞著雄性昆蟲與雌性昆蟲交配生下後代這個命題打轉。也就是說，站在消滅疾病的觀點，昆蟲交配完全是負面活動。

布希蘭德與克尼普林卻不這麼想。他們一方面大量增加雄蟲數量，另一方面在不知不覺中更動重要特質（加乘技術的關鍵），使雄性螺旋蠅轉變成一股反噬自身的力量。解決的方法其實簡單得讓人難以相信。布希蘭德與克尼普林讓一批雄性的螺旋蠅絕育。然後把這批螺旋蠅釋放到美國的心臟地帶。這些螺旋蠅交配時，自然無法產生後代，於是螺旋蠅的數量一年比一年減少。由於布希蘭德與克尼普林的昆蟲絕育技術（sterile insect technique, or S. I. T.，不要與系統性創新思考的縮寫SIT相混淆），美國終於在一九八二年完全消滅了螺旋蛆。同樣的技術現在也用來攻擊其他危害牲畜、水果、蔬菜與農作的害蟲。昆蟲絕育技術因為不使用化學藥物，沒有殘留物，對於目標以外的物種不構成任何影響，因此一般認為這種方法對環境極為友善。

回到采采蠅。非洲桑吉巴島的居民數世紀以來一直深受昏睡病的荼毒。科學家使用昆蟲絕育技術，將一隻雄性采采蠅的數量增加為數萬隻。他們對這些「複製品」做了些微的調整，也就是對牠們照射輻射線，使其絕育，然後將這些無生殖能力的采采蠅釋放到一般的采采蠅中。由於雌蠅一生只能交配一次，因此這些絕育的雄蠅有效抑制了采采蠅的繁殖數量。當老一代的采采蠅死亡，接續的一代數量將會變少，由此類推，最後所有的采采蠅將會消失。不到幾個月的時間，采采蠅的恐怖勢力便告消散。

「加乘」（multiplying）不過就是「複製」（copying）的花俏說法，不是嗎？你認為加乘技術是創意嗎？一九九二年，布希蘭德與克尼普林獲得聲譽卓著的世界糧食獎，用以表彰他們傑出的科學成就。前美國農業部長歐維爾・弗里曼（Orville Freeman）也稱他們的研究與昆蟲絕育技術是「二十世紀最偉大的昆蟲學成就」。

不計分的考試

在采采蠅的例子中，科學家選擇了「壞」組件，然後增加它的數量，最後把它轉變成好的媒介。加乘也可以用在完全相反的方向上。選擇「好」組件，也就是產品、服務或流程賴以成功的必要組件，增加它的數量，然後更改這些組件，讓它變成毫無價值之物。信不信由你，以這種方式使用加乘技術，可以幫助你發現、掌握創造與發明的機會。

想像你是個學生，正在參加一場重要考試。就考試的問題而言，最重要的組件是什麼？對參加考試的學生來說，答案很明顯：答對一題能得幾分？

現在，想像有一場考試，然後改變答對題目時得到的分數：一分或五分或十分，或——零分。很瘋狂，對吧？如果答對也是零分，學生何必費神準備考試？

當然，唯一合邏輯的答案是學生必須不知道哪些是不給分的題目。

如果你要上大學，你可能要參加SAT測驗。SAT是美國大學的入學條件之一，考評的比重相當高。在SAT獲得最高分的學生可以進入最好的大學就讀。成績不佳的學生可能無法進入理想的大學。

有個稱為大學理事會（College Board）的非營利組織，負責設計、舉辦SAT測驗，並且進行評分。大學理事會致力於教育的卓越與平等（最重要的宗旨）。該組織最大的挑戰就是每年提供新考題。如果每年的考題都一樣，考生很快就會找到應考的訣竅。考試的分數會不斷提高，鑑別度將因此受到影響。最後將使大學停止根據SAT成績招收學生。

設計新考題並不難。大學理事會僱用了數百名高學歷人員來研究與編寫考題。主要的挑戰在於如何以新考題比對舊考題，以確定新考題的效度。各大學都希望每年能定期舉辦入學考試。在二〇一一年SAT測驗中拿到一千五百分的學生，他們的實力應該要與在一九九九年或二〇三〇年考試中拿到一千五百分的學生一致。學術評估測試必須做到這一點，才能稱之為「標準」考試。當然，大學理事會會僱用一些人在編寫題目時進行作答。然而，這種做法是短期的，無法維持久遠。這些專業的應考者應考的次數愈多，就會變得愈熟練，分數會不斷增加。這會是個問題。此外，這些應考者一定會有人事變動，可能喪失興趣、升職或退休，這都會讓成績進一步隨應試者的組成變動而偏離。大學理事會因此很難找到適合的方式比較不同年度的SAT測驗，因為每個年度的狀況不盡相同。

那麼，大學理事會要如何使歷年考試都能維持標準化？答案是，理事會會利用不知情的應試學生。如果你參加考試，你或許不知道裡面有些題目是不給分的，就算答案正確，也得不到分數。這些是SAT測驗的「實驗題」，或者說是零分題。大學理事會在正式測驗裡納入這些零分題，讓考生協助判定這些題目是否適合用於未來的考試。

參加考試的學生不知道哪些題目給分，哪些題目不給分。他們必須認真回答每個題目。在二百二十五分鐘的考試時間裡，學生必須完成SAT測驗，其中大約有二十五分鐘用來回答這些零分題。

增加考試題目，但改變其中一些題目的給分，甚至不給分，可以幫助大學理事會確認，每個問題未來如果做為「給分」的考題，將會產生什麼影響，也就是說約有多少百分比的學生能答對這一題。而題目變成給分題時，還是會做些微的調整，但不會影響難度或效度。

自從大學理事會採用這種增加考題的解決方法之後，世界各地的大考中心也跟著採取相同技術。現在，老師與教授可以使用與大學理事會相同的預考方式，編寫一貫而公平的考題。

如你所見，加乘技術可以使用的層面既多且廣。以下我們將舉幾個例子來說明，加乘技術確實能產生創意突破。

打造完美便盆

唯寶公司（Villeroy & Boch）是世界知名的陶瓷器公司，它設計並製造精美的生活風格產品，例如教宗專用餐具、香檳酒杯與值得收藏的小雕像，另外還有功能性的產品，例如馬桶。這家擁有兩百六十五年歷史的公司對於自身的發明傳統感到自豪，而且鼓勵員工持續再想像與再發明，就連最基本與最古老的產品也在重新研發之列。

二〇〇五年，唯寶公司從全球各地找來各部門員工，包括行銷、研發與財務，組成跨部門團隊。公司指示團隊要創造出大膽而全新的馬桶概念，使全世界的消費者都能獲得優於傳統的產品。

在得知系統性創新思考的基本工具與原則之後，團隊成員開始運用加乘技術。首先，他們列出傳統陶瓷馬桶的所有組件：

- 陶瓷馬桶
- 水箱
- 出水管（連接水箱與馬桶的水管）
- 馬桶座
- 馬桶邊緣
- 虹吸管（馬桶底部的開口）
- 排水管
- 水

第二步是選擇其中一項必要組件，增加數量，並稍微改變。團隊選擇了出水管，少了出水管，馬桶無法運作。團隊想像讓出水管的數量增加，使傳統的單一出水管變成四根出水管。單一出水管這個工業標準已維持了數百年，因為出水管的功能其實只是讓水箱的水流到馬桶。團隊成員因此必須想出辦法稍微「改變」一下管子，讓每根管子看起來不太一樣。

團隊先做一些基本的工作，他們把水管的性質列成簡單的清單：

- 長度
- 口徑
- 位置
- 顏色
- 厚度
- 材質
- 硬度

根據這張清單，他們選擇了口徑，這表示每根水管都會有不同的寬度。現在，他們必須思考這些口徑不同的出水管如何能讓馬桶運作得更好。

唯寶公司從一七四八年就開始製造馬桶，身為這家公司的員工，這樣的場景實在有點荒謬。大家的看法是，「明明只要一根出水管就夠了，為什麼要裝這麼多根出水管呢？」（還記得固著這個毛病嗎？）

然而，在系統性創新思考人員洛夫・雷特勒（Ralph Rettler）與歐佛・艾爾加德（Ofer El-Gad）的鼓勵下，團隊還是堅持下去。下一步是思考四管馬桶有什麼額外的益處。這時，突破出現了。裝設直徑不同的出水管後，馬桶就能區分沖水量的多寡，家庭與企業就能使用較少的水量獲得相同的結果：沖掉排泄物，留下乾淨的水。使用者可以根據排泄物的多寡，選擇少量或大量沖水。這種馬桶的好處是省水。這是一個好的開始，儘管類似的觀念早已問世了。

SIT人員提醒他們，現在馬桶有四根出水管，而不只是兩根，於是團隊開始進一步思索。如果每根水管的長度跟直徑一樣都略有不同，會怎麼樣？讓幾根管子繞著馬桶，就能從馬桶邊緣噴水。這些強勁的水流交互作用下，會產生更強的旋轉渦流，沖掉排泄物。這個創新的好處在於，固體排泄物會消失得更徹底，馬桶會留下較少的殘餘物。

團隊繼續調整與改良核心觀念，創造出全新的馬桶：Omnia GreenGain。這項新創新為省水立下里程碑。這座壁掛式馬桶每次沖水只用三點五公升的水，比傳統馬桶節省二點五公升，也就是百分之四十的水量。如果使用者還想節省用水，可以按下省水鈕，這樣只會用兩公升的水。由於（多根）水管安排得宜，沖水功能可以發揮得更好。

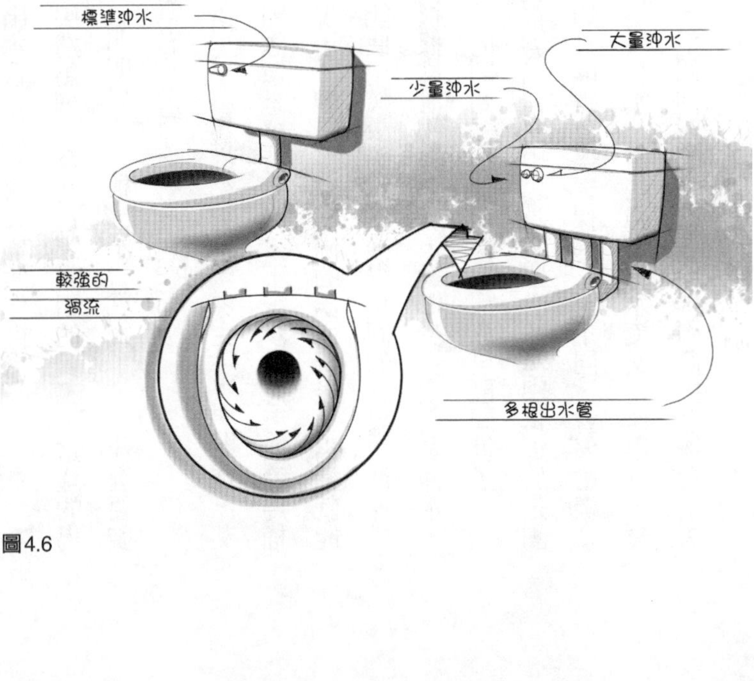

圖4.6

加乘技術與吸引注意力

常識告訴我們，「鼻子最先知道」，意思是說氣味總是最先被察覺與辨識。對許多動物來說，嗅覺與生存息息相關，因為動物不僅靠著嗅覺感覺到危險掠食者的出現，也靠著嗅覺尋找可能的交配對象。雖然人類的嗅覺不像動物那麼靈敏，但在日常生活中，嗅覺依然能幫我們做不少事，例如聞出今晚是什麼菜色，以及室內瀰漫著致命的瓦斯。

雖然鼻子總是早一步知道，但畢竟有其限制。一旦氣味持續一段時間，我們的大腦就會把鼻子的「氣味感應器」關掉。一旦「習慣」某種氣味，我們就不再對它有所知覺。你或許會發現，當你嚼口香糖一段時間之後，就嚐不出口香糖的味道了。口香糖本身的味道固然會隨著咀嚼而逐漸消散，但味覺的遲鈍泰半與我們聞不到口香糖的香味、鼻子停止傳送資訊到大腦有關（食物的「味道」絕大部分來自於嗅覺）。

剛坐進新車聞到的「新車氣味」，也是如此。在一段時間之後，我們就聞不到了。鼻子裡的接收器會關掉，直到我們下車，鼻子才有機會「重開機」。

之後，再坐進車內時，又會聞到一股新車味。

我們的鼻子（其實應該說是大腦）的運作方式，對於強調氣味的產品是一種困擾。我們購買的這類商品，數量超乎想像。化妝品、香水、洗衣清潔劑與衛浴用品均屬此類，此外，食物與飲料也是一樣。但是，仔細檢視屋內，你或許會感到驚訝，原來有那麼多商品都具有獨特氣味。當然，這些產品遭遇的挑戰就是如何讓消費者對產品的好氣味保持知覺。

寶僑的行銷團隊所面臨的就是這樣的挑戰，他們想為Febreze系列產品創造新概念。團隊成員最近才聽了傑科布的演說，而傑科布也被《華爾街日報》評選為最可能改變世界的十個人之一。這個團隊決定組成創意工作坊，嘗試一下新方法。這麼做對寶僑公司管用嗎？尤其，Febreze能否因此打進新領域，特別是寶僑有興趣的空氣清淨器市場？（空氣清淨機能將芳香的空氣注入屋子，一方面掩蓋難聞的氣味，如寵物或香菸，另一方面則是單純讓房子的氣味變得更清新。）

勒瓦夫與史登飛到辛辛那提，和寶僑由工程師與行銷人員組成的十五人團隊會合。他們的任務是為新產品想出能結合兩種空氣清淨效果的新點子：芳香與除臭。

管理部門為團隊設下重要限制。他們想出的新點子必須與Frebreze極受歡迎的宣傳標語「新鮮好空氣」結合。事實上，所有的想法都必須冠上Frebreze。

團隊先從一般的空氣清新器下手，這種清新器通常插在插座上，每隔一段時間就會噴灑特定的香味，例如薰衣草與松木，讓房間充滿香氣。團隊使用加乘技術，列出一張關鍵組件清單：液態的芳香劑、容器、住房、插頭與電子加熱器。團隊選擇了容器。他們依照系統性創新思考人員的指示，複製容器，製造擁有兩個容器的插電式清新器，而兩個容器都可裝入液體芳香劑。現在，他們必須改變一下新複製的容器，賦予它不同的意義。他們的做法很簡單：讓第二個容器裝入不同的芳香劑。但這有什麼好處？要如何運作？消費者為什麼希望同一個清新器裡裝著兩種不同的芳香劑？或許他們可以隨喜好來選擇香味？或許他們可以混合兩種芳香劑？

突然間，他們靈光一閃。為什麼不讓空氣清新器在不同的時間噴灑不同的香味，讓消費者的鼻子在習慣一種香氣之後，能聞到另一種香氣？清新器可以持續交替噴灑兩種香氣，藉此愚弄屋內人的鼻子（與大腦），讓他們一整天都能聞到撲鼻的香味。

團隊還想到結合Febreze品牌更好的方法：在第二個容器裡裝Febreze的液體除臭劑，在第一個容器裡裝入傳統的芳香劑。這個產品完美結合除臭與芳香兩種功能。產品的加熱器可以一整天輪替為兩個容器加熱，讓使用者能確實聞到他們購買的產品。他們的競爭對手完全沒有類似的商品。

團隊喜歡這個點子。幾個月後，公司推出新產品，名字就叫Febreze NOTICEable。這個產品非常成功，讓寶僑在空氣清淨器產品的市占率增加到近兩倍。

這個例子顯示加乘技術簡單但強而有力的面向。使用兩倍液體讓產品的有效時間延長了兩倍以上。改變複製的組件，能獲得好幾倍的效果。

運用步驟

想充分運用加乘技術，必須遵循以下五項基本步驟：

1. 列出產品或服務的內部組件。
2. 選擇一個組件然後進行複製（如果不確定要複製幾個，就隨意選擇一個數量）。
    a. 列出組件的屬性。屬性指的是可改變的組件性質，包括顏色、位置、型式、溫度以及相關人員的數量或類型等。
    b. 改變複製品的一項必要屬性。「必要」指的是該屬性與組件直接相關。記住，只做些微改變，而且改變方式必須違反直覺。
3. 想像新的（或改變後的）產品或服務。
4. 探問潛在的效益、市場與價值是什麼？誰想要改變過的產品或服務？為什麼他們覺得這種東西有價值？如果你企圖解決某個特定問題，這麼做能否克服挑戰？
5. 如果你認為新產品或服務有價值，接下來要問的是，這麼做是否可行？你是否真的創造了新產品或新服務？為什麼是或不是？你能否改進或調整，讓構想更實際可行？

創新的一個共同目標，是要讓產品、服務或流程更方便。在本書中，我們提供許多例子，說明這些技術可以滿足這個目的。以下是一些例子，說明要如何部署加乘技術，讓產品或服務對使用者更友善。

雙焦鏡片

富蘭克林發明了雙焦鏡片，讓同時有遠視與近視的人不用隨身攜帶兩副眼鏡。他複製了傳統的近視鏡片，然後改變複製的鏡片，讓它能夠看近的東西（遠視）。然後他將縮小的複製鏡片嵌入近視鏡片下方，這樣戴眼鏡的人只要朝下看就能看到近物。

這是項成功的創新，因為它把增加的組件放在一個最能幫助消費者的位置。把第二副鏡片放在主鏡片下方，是相當便利的做法，因為人們看近物時，通常會把眼神聚焦在下方，例如書本或照片。你需要的鏡片剛好就放在你需要的地方。

雙面膠帶

傳統單面膠帶上的黏性物質，是膠帶的基本組件。3M公司增加了黏性物質，做了改變，創造出創新而高度便利的產品。當然，這項改變只是將黏性物質塗在膠帶的正反兩面上。光是塗布位置稍做變化（膠帶的另一面），就能解決使用膠帶時的問題。如果沒有這種發明，也可以使用另一種奇怪的方法——很多人會這麼做——那就是取下一段膠帶，然後將它捲起來，讓兩端黏在一起，然後將膠帶拉平，這樣就成了雙面膠帶了。顯然，3M的雙面膠帶要比這種做法好用多了。

三光燈泡

物如其名，這種燈泡一個可當三個用。燈泡控制鈕每轉一個刻度，就會讓燈泡更亮一點。使用者可以控制燈泡的亮度，同樣也可以控制燈泡消耗的能源。

三光燈泡採取的也是加乘技術。每個傳統燈泡都有一條燈絲；三光燈泡有兩條。在增加一條燈絲之後，多出來的燈絲又做了一個重大的變化：瓦特數。

第一條燈絲是低瓦數（如二十五瓦），而第二條燈絲是高瓦數（如五十瓦）。

以下是三光燈泡的運作原理。三光燈泡使用標準開關切換不同的亮度。第一次開啟，通電的是二十五瓦燈絲。第二次開啟，通電的是較亮的五十瓦燈絲，同時阻斷二十五瓦燈絲的電流。第三次開啟，則是兩條燈絲都通電，產生七十五瓦的燈光。三光燈泡其實等於是兩個燈泡裝在一個燈殼裡。燈絲的量是兩倍，但產生的光不是只有兩倍，因此對消費者來說具有價值。

利用加乘技術設計三光燈泡，控制開關的實用在於可以讓複製組件輪流發揮照明功能。換句話說，開關不應只是為了開燈與關燈，否則等於落入功能固著之中。換個角度，開關可以讓消費者依照需要，在不同的選擇之間切換。

住房抵押

想像你是貸方，你想提供更多選擇給潛在的消費者。你列出貸款的所有關鍵組件：本金、利率、貸款期限、還款、履約保證等等。現在，選擇一項次要組件，也就是貸款的必要組件，但不是主要組件。在本例中，讓我們假定貸款金額是主要組件，而利率是次要組件。我們可以增加利率，然後改變複製的結果，提供顧客更多選擇。今日，銀行也從事這類事務，銀行會調整其他費用如手續費，或者是藉由調整利率來填補。消費者可以從各種抵押方案中選擇一項來維持每月的預算。

常見陷阱

與本書提到的其他技術一樣，你必須正確使用加乘技術才能獲得成果。以下提供一些建議，以避開常見的陷阱。

不要只是在產品或服務上增添新事物

許多公司陷入一種迷思，以為在產品上增添新功能就能打敗競爭對手。在我們提供的五種方法技術中，並不包含增添。光是增添組件並不能讓你獲得加乘效果。把增添當成創新的公司，經常犯了「功能蔓延」（feature creep）的錯誤。有違一般想法的是，如果為了回應市場、顧客要求或競爭對手，而不斷在產品或服務上增添附加功能，其實不見得管用。舉個極端的例子，功能蔓延往往會產生像魯布・戈德堡機器（Rube Goldberg contraption）這類產品（圖4.7）。

增加組件，同時做改變

增加既有的組件，卻未做任何改變，等於是犯了增添的毛病（也就是單純地增添新組件）。你得到更多、更複雜的組件，但不一定能為產品增加價值。以我們之前曾經討論過刮鬍刀為例，你就算增添十片刀刃，恐怕也不能算是創新。

人們經常會犯這種錯誤，因為一開始沒有把組件的屬性列成

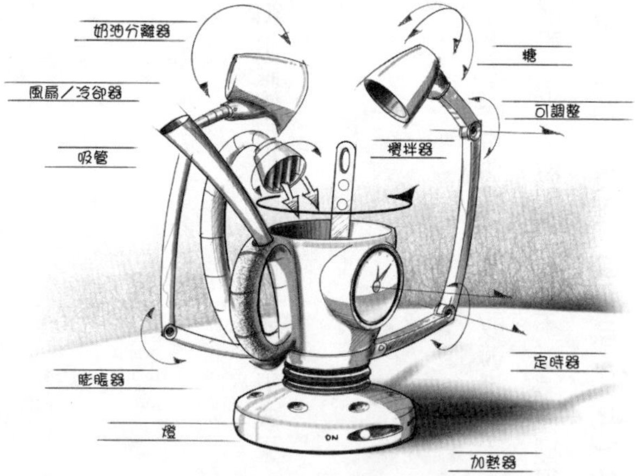

圖4.7

一張清單。記住，重點是改變複製的組件，而且不一定要合於邏輯，至少一開始是如此。這麼做可以讓「功能遵循形式」的原則發揮作用：把外表看似奇怪的物品與創新而有用的新概念連結起來。

避免只複製一項屬性

我們發現，有些人會在組件與屬性的差異之間舉棋不定。把組件想成整體的一部分。能觸摸得到固然是一種屬性，但屬性不只是如此。鬧鐘響起，聲音是一種屬性，但你看不見。在餐廳裡，食物的氣味是一種屬性，但它是無形的。屬性是組件的性質，它有各種不同的樣態。鬧鐘的響聲是組件，分貝數是鬧鐘響聲的屬性。氣味的種類與強弱，是餐廳裡食物氣味這個組件的屬性。

製作多個複製品，而不是只複製一件

一開始學習加乘技術時，為了安全起見，很多人只會針對某個組件製作一件複製品。這也許是固著（結構與功能固著）的後遺症。一開始可以先試著複製兩件。不過為了專精，最好是能夠複製多個。三個、十六個乃至於二十五又二分之一個都行。你可以任意決定複製的數量，甚至弄得有點怪異也沒有關係！創造這些額外的複製品，每一件複製品都做一點變化，可以擴展你的思維，開啟新的可能。

運用加乘技術的機會就在你身邊

加乘技術是一種強大卻簡單的工具，它可以運用在日常生活上。重點在於要培養一種加乘技術的心境，讓自己更敏銳地察覺四周的環境，能以更系統化與更謹慎的方式運用加乘技術。

我們的同事馬祖爾斯基教授，就曾利用加乘技術成功解決自己的日常問題。馬祖爾斯基是我們認識的人當中最體貼也最照顧學生的教育者，他總是被學生圍繞著，討論他們的成績、學期報告，甚至連感情上的事也一併包辦。有時候，討論的時間往往過於冗長。看著學生們耐心排成一列，準備跟他商討事情，他於是想出一個解決的辦法。首先，他把原本掛在牆上面對著他的鐘，從一個增加成兩個。然後，他把第二個鐘掛在他身後的牆上不同的位置，面對著學生（也就是說，對複製品做重大改變）。他故意把第二個鐘的時間調快二十分鐘。這麼做非常有效。當學生看著時鐘，以為下堂課快遲到時，他們會馬上結束談話。

這不就是盒內思考嗎？

第五章／任務統合：老狗學新把戲

「人們對熟悉的事物視而不見。」
——阿娜伊絲・寧（Anais Nin）

史蒂芬・帕爾特醫師（Steven Palter）的病患開始哭泣，並非因為腹部突如其來的劇烈疼痛，因為多年來的折騰她早已習慣，她是因為徹底的解脫而哭泣。帕爾特這位耶魯大學生殖婦科醫師精準地找到她身上引發慢性骨盆疼痛（chronic pelvic pain, CPP）的痛源。「我們終於找到了！」帕爾特醫師說，同時立即鬆開對病患腹內某部位的按壓。「沒有你，我們是找不到的。」他興奮地向她說著。多年來，她飽受失眠、失業之苦，就連維持正常家庭生活的假象都不可得。

在病患與帕爾特醫師共同確認疼痛的位置與來源後，醫師做了一張「知覺疼痛圖」，圖表完成後，帕爾特醫師隨即應用這張圖表做為手術指引，利用雷射精確地切除肉眼無法看到的病變組織，終於讓這位婦女從永無止境的醫師轉介、診斷檢驗、以及治療失敗中解脫。

帕爾特醫師與他的病患攜手開創一種新手術，名叫「知覺疼痛映射」（Conscious Pain Mapping），讓病患加入手術團隊，協助確認病灶。

這位特殊的病患無比幸運，找到了帕爾特醫師。雖然有百分之二十的婦女在一生中早晚要經歷ＣＰＰ（每十個門診病患中，有一個會因此等症狀而轉介至婦科），但僅有百分之六十的病例獲得正確診斷，而治療成功的案例更少。大多數受CPP所苦的病患都因嚴重的疼痛而使生活完全變調，其中更有許多人在承受身體極大痛苦的同時，還要與憂鬱症搏鬥。

CPP也讓群醫長期束手無策。雖然有醫師曾經猜測，子宮內膜組織異位以及腸躁症可能引起CPP，但是終究難以確診。看起來是病變的組織，最後證實為良性，而良性組織卻可能才是問題所在。但如果無法診斷痛源，幾乎就不可能治療CPP。

或者應該說，以往是這樣。自從帕爾特醫師有了新想法，事情出現轉機。

在帕爾特醫師的創新之前，黃金標準診斷工具是腹腔鏡檢查。這項檢查是在病患的腹腔壁切開一個小切口，置入小型攝影機，觀察病患的韌帶、輸卵管、大小腸、骨盆壁，與子宮主要部分或子宮底。但是由於CPP的疼痛經常發生在表面看起來正常的組織，無法單憑視覺觀察到的線索（顏色異樣、不正常的斑點等）發現。因此，腹腔鏡檢查的結果，好一點是模稜兩可，無濟於事，浪費時間；糟糕的話，會切除根本沒有引起疼痛的正常組織。

帕爾特醫師決定對病患腹腔內部逐點按壓，找到病患感覺疼痛的位置，藉此有系統地繪製病患腹腔的內視圖。一旦確定痛點，便可以透過手術切除該處有問題的組織，終止病患的痛苦，一勞永逸。

帕爾特醫師的做法值得注意的是，當他執行這一切的程序時，手術檯上的病患是意識清醒而有知覺的。腹腔鏡檢查通常在全身麻醉下進行，病患完全沒有意識，醫師必須事後對病患解說檢查中所觀察到的結果。然而，CPP的病情須依賴感覺，而非靠觀察，舊有的檢查方式無疑嚴重影響醫師的診療。帕爾特醫師藉由病患提供的回饋，以協助診斷，成功突破了長期困擾醫師的重大醫療瓶頸。

為什麼這麼久才有人想到這個方法？在事後看來，帕爾特醫師的解決方法根本了無新意。他未發展出任何新技術，也沒有借助新藥，或應用近期發表的研究結果。他只不過運用了現有的工具與概念，就成就了這創造性的成功。

正如結果所看到的，帕爾特醫師的成就是我們第四個創意工具的完美典範，我們稱之為「任務統合」。如同其他技巧，任務統合透過限縮或限制解決問題的選項，按部就班地找到創意。你只需挑出程序或產品中一項現有特質（或要素），加諸額外的功能。你要統合原本各自單獨進行的功能。舉例來說，在帕爾特醫師的CPP新療法中，他所治療的病患不只具有病患身分，同時也是診斷工具。他透過統合兩項任務（讓病患經歷整個診察流程，並協助查出腹部疼痛源），在現有環境下，達致創造性的突破。

紐約時報的無名志工

就算沒有數百次，你至少也有數十次這樣的經驗：在獲准進入某個網站前，必須先在一個方格內輸入筆跡怪異、扭曲的字詞。

路易斯・馮・安博士（Dr. Luis von Ahn）是卡內基美隆大學資訊工

圖5.1

程系的教授，他估計人們一天辨識這類筆跡超過兩億次。他應該知道，因為就是他發明了這套認證系統。這套系統名叫Captcha，藉由要求網站訪客進行一項只有人類有能力、而電腦無法通過的簡單測驗，來保護網站。事實上，Captcha是「全自動區分電腦和人類的圖靈測試」的縮寫，它要求網站參觀者在進入網站之前，必須先正確解讀這類字詞，並鍵入正確的字母。

Captcha並非沒有缺陷，它隨機顯示的字詞，很容易被誤解。曾有一位婦女嘗試登入雅虎的電子郵件服務，出現的通關詞是「WAIT」（等待），她依照字面上的意思等待，盯著不動的螢幕二十分鐘之後，發送訊息給雅虎客服中心求助。還有更糟的，有個網站用戶拿到的詞是「RESTART」（重新啟動）。

儘管有這些小小的不方便，但對於想要杜絕電腦產生的垃圾郵件、或防範電腦病毒入侵網域的網站所有人與管理者來說，Captcha好處多多。

以Ticketmaster為例，該網站銷售數以百萬計的運動、音樂會以及藝術活動門票，黃牛票販喜歡搶熱門表演位子最好的票，以遠高於原售價的價格轉賣，賺取暴利。他們會在熱門活動門票開賣時，想方設法上Ticketmaster網站掃下千萬張門票。雖然Ticketmaster限制每名顧客一次可購買的門票張數，藉以防止黃牛氾濫，但這些黃牛找到破解方法，透過撰寫電腦程式，偽裝成真人，登入網站購票。藉由一分鐘內自動交易千張門票的方法，黃牛踐踏Ticketmaster與普通顧客的權益，大舉獲利，顧客最後只能購買位置較差的門票，或被迫付出更高的價格，取得好座位。

Captcha徹底改善黃牛掃票的問題。只有真人能夠解讀扭曲的字母，進入Ticketmaster網站。沒錯，辨識與輸入字詞要花點力氣與時間（大約十秒鐘），但是Ticketmaster以及其他成千上萬的網站管理員卻對安博士的發明感激不盡，更少有網站用戶會吝於撥出十秒鐘的時間，換取提升安全控制、以及維持音樂會門票等搶手商品的公平價格所帶來的益處。

除了業內人士之外，少有人知道，安博士同樣也對這些上網者心懷感激。在網路世界，這已是個公開的祕密，安博士利用每日成千上萬的Captcha測驗回應達成一項目標，一項比打擊黃牛更有用的目標，那就是掃描全世界上的每一本書，並數位化。

雖然大多數人並不知情，但是他們鍵入的答案同時具備兩項功能。在向網站證明他們不是機器的同時，也解讀了難以辨讀的舊印刷文字。當人們在螢幕上的方格中鍵入這些字詞時，就是把印刷內容轉換成數位格式。這正是任務統合的完美範例，賦予現有資源新的任務。

即使現代有先進的掃瞄機器以及功能強大的電腦，舊書數位化仍是一項浩大的工程。掃描的正確率仍然很低，尤其字型千變萬化，而且許多早年的出版品印刷品質不佳。安博士撰寫了一個程式，名叫reCaptcha，該程式將電腦掃描器無法閱讀的字詞置入程式中，然後將該字詞交由網站訪客破解。雅虎與臉書等主要網站皆使用reCaptcha，而安博士將該程式免費提供給任何需要的人士。

這個做法行得通嗎？結果無疑是非常驚人。尋常網友一年協助編譯將近十五萬冊書，這是一項需要三萬七千五百名全職勞工投入的工程。眾多成就之一是，reCaptcha協助《紐約時報》書面檔案資料庫數位化的工程，遠至一八五一年之後的書面資料都已完成。

如同帕爾特醫師的新診斷流程，這是任務統合的最佳代表。

安博士在計算完成Captcha測試所投入的人力之後，有了這樣的想法，「我快速粗估，人們每天大約解答了兩億筆Captcha。」他解釋道，「因此，若解答一筆Captcha需要十秒鐘，這個系統等於有一天五萬五千個工作時數！我思忖如此龐大的人力能有什麼樣的用途。」

安博士開發出reCaptcha後並未就此打住。他表示，若可能，他要利用地球上每個生命的每一分每一秒，獲取更多社會、經濟與智慧的利益。

他表示：「我希望利用被浪費掉的人生，為人類創造更高的效率。」同時，隨著人類頻繁上網，他所稱「高度先進、大規模處理器」的社會逐漸成形，可望創造更多利益。

安博士對此非常樂觀。舉例而言，他最新的創舉Duolingo乃致力將整個網路翻譯成世界各主要語言。現今的網路是由數百種語言寫成，但超過半數以上是英文，構成世界上大多數人閱讀網站的障礙，特別是中國與俄羅斯等快速開發地區的人。

安博士的解決方法再次應用了任務整合技巧。全世界有十億人口在學習外國語言，而其中有數百萬人利用電腦學習。如果他們在學習外國語言時使用Duolingo，如同Captcha與reCaptcha一樣，同時也做翻譯，如此一來，安博士估計，若有一百萬人使用Duolingo學習西班牙文，則整個維基百科只需八十個小時便能翻譯成西班牙文。

安博士持續思考如何對人類進行「任務統合」。「我們的思維仍然狹隘，」他表示，「但若是我們能夠集結如此多人，每人從事一小部分工作，那麼我們絕對可以為人類做出偉大貢獻。」

極簡才是美

這是愛因斯坦的話，也是任務統合背後的概念。任務統合之所以吸引人，正是因為它很簡單，也易於部署。在此舉個例子：一家紐約知名飯店的執行長某年到韓國首爾出差兩次，兩次皆入住同一家飯店。當他第二次抵達時，飯店接待人員親切地問候他：「歡迎光臨，先生！真高興又見到您！」令這位執行長印象深刻，於是他決定也要求員工如此問候再度光臨的賓客。

返回紐約後，這位執行長向專家諮詢，專家建議安裝具有臉部識別軟體的照相機。這些照相機拍攝到來的賓客，並將每位賓客的臉部與先前賓客的照片比對，若來訪的賓客曾經入住飯店，就立即通知接待人員，然而這套系統要價高達兩千五百萬美元。這名執行長認為價格過於昂貴而放棄這個建議。但是，他決定下次到首爾出差時，要找出那家飯店的祕訣。就在下一次出差，他再次以忠實老顧客的貴賓身分受到熱情問候後，他相當尷尬地詢問飯店，他們的賓客辨識系統是如何運作的。接待人員的回答簡單明瞭：這間飯店與計程車司機合作，在機場開往飯店的途中，計程車司機會與乘客閒聊，並不經意地詢問他們之前是否曾入住過該飯店。

「若是，計程車司機會將行李放在櫃檯右側，」接待人員害羞地說，「若是第一次入住飯店，司機便將行李放在左側。我們支付司機每位賓客一美元的小費做為服務的酬謝。」相較於建置昂貴的電腦系統辨識舊客戶，這間飯店利用任務統合模式，以極低的成本提升客戶服務品質。

任務統合如何運作

一如我們先前所提，任務統合涉及對程序、產品或服務現有的組件（或資源）賦予額外的任務（或功能），而該組件可以是內部現有或來自外部，只要是在封閉世界內即可。請記住，內部資源是指在你掌控範圍之內的資源。以製造個人電腦的廠商為例，內部組件包括鍵盤、螢幕、磁碟機以及處理器，而外部組件則包括個人電腦使用者、位於桌上個人電腦旁的檯燈、書桌本身，甚至是使用者偶爾啜飲的咖啡杯也算。

組件的額外任務可能是新工作，如同安博士的例子，在證明網路用戶是真人的原有任務之外，再賦予數位化編譯書冊（利用reCaptcha）的任務。或者亦可指派在封閉範圍內已存在、但之前由另一組件執行的任務。帕爾特醫師將診斷腹部疼痛源的工作自手術工具重新指派給病患時，他所選擇的正是第二種方式。關鍵在於該組件執行其原有任務以外的新「工作」，這正是讓結果令人驚奇而反直覺的原因所在。

應用任務統合的三種方法

你可透過三種方式運用任務統合技巧，解決封閉世界裡的挑戰。接下來我們就以現實生活中的實例逐一說明。你在閱讀的同時，可以自問能否想到這些

（或類似）的想法。

方法一：外包，或現成的app

二〇〇七年一月，蘋果電腦執行長賈伯斯將iPhone公諸於世時，許多觀察家表示，行動裝置讓他們完全改觀。iPhone將行動電話、iPod以及網際網路通訊裝置等三項產品融合在一台小型、輕量的手攜式裝置內。「iPhone是一項革命性且迷人的產品，說它領先其他任何行動電話五年並不為過，」賈伯斯在當時說道，「我們每個人天生就有一項基本的指向裝置，那就是我們的手指，而iPhone利用我們的手指，創造出滑鼠發明以來最革命性的使用者介面。」賈伯斯稱該使用者介面是一種革命，但恕我們無法認同。你可能會感到驚訝，但事實是，iPhone領先群倫的成功以及真正創新的大躍進，並非來自iPhone的介面、精巧的設計，或是結合多重功能。相反地，iPhone應用程式（通稱為app），或更具體地說，是開發與銷售這些app的方式，讓整個行動電話裝置市場重新洗牌，提供蘋果電腦在業內鶴立雞群、一馬當先的競爭優勢。

無論如何，蘋果電腦一開始即成功利用任務統合技巧：將原本內部執行的工作（開發其硬體專用的應用程式）分派給外部的組件（蘋果電腦及其傳統獨立軟體供應商網絡以外的人士）。

所謂app是設計用以驅動行動裝置執行特定功能或服務的軟體程式。舉例而言，一個熱門的iPhone app是遊戲「憤怒鳥」（Angry Birds），另一個是「城市餐廳指南」（Urbanspoon），協助iPhone用戶根據數項條件（包括族群、價格或地點），搜尋當地的餐廳。

蘋果電腦僅設計少數幾款基本的app供iPhone使用者使用，之後蘋果做了一件了不起的事，它將設計其他app的工作交給全世界的人。透過公開iPhone的某些設計、提供軟體開發套件（software developer kits；SDK）給任何有意設計app的人士，蘋果電腦激勵了一群獨立程式設計師、業餘愛好者、學生、非科技公司、非營利組織，尤其是蘋果迷，以iPhone為中心建構app生態系統。以往蘋果電腦仰賴專業的程式設計師（通常為獨立軟體供應商，即ISV），建置麥金塔電腦裡的個人與專業應用程式。微軟、Intuit、賽門鐵克等其他ISV藉由提供麥金塔與ＰＣ使用者各種app而蓬勃發展。

賈伯斯的iPhone app模式則是完全不同的概念，這些數以萬計、為iPhone

增添豐富且多元功能的app，主要是由日常用戶開發。許多與科技業完全無關的企業都在開發app，如星巴克、Expedia，甚至是Comcast與席爾斯百貨，以服務與日俱增的行動電話客戶。

蘋果電腦想出一個創新的方法，將這些所謂的第三方app傳遞給iPhone使用者。透過造訪蘋果的App Store，iPhone使用者可以直接在iPhone（以及iPod Touch與後來的iPad）上直接瀏覽、搜尋、購買並以無線網路下載第三方app。app有些可能要價數百美元，而有許多是免費，開發者可以自己訂價，並保留百分之七十的營收，蘋果電腦則負擔App Store的營運成本，包括信用卡處理、虛擬主機、基礎建設以及數位權利管理（digital rights management；DRM）等。如今已有成千上萬的app可供下載，但其中只有二十項是蘋果自己設計的。

回頭想想，蘋果電腦確保iPhone客戶擁有各種app的多元選擇策略，似乎平凡無奇。然而，為了突顯這個想法的新穎與創新，請想想其他你所擁有的實體物件，其中有多少可以透過購買新功能而升級、擴充或完全轉型？試想一種可快速增加數十種新功能的微波爐。假設微波爐製造商設計了一款可無線連結網際網路的微波爐，並與臉書完全整合，每當你發現喜愛的食譜，即可將該食譜張貼在你的臉書頁面上，點按微波爐圖像後，該食譜便會發送至你所有親友的微波爐，接著他們的微波爐便能烹煮同樣美味的法式香焗馬鈴薯。

多虧世上有如此多獨立的人士與組織設計app，我們才能擁有智慧型手機這種多功能的稀有產品。

正如賈伯斯利用任務統合技巧建構iPhone app開發環境，許多app本身也是在人們以直覺應用任務統合技巧解決常見問題時而產生。舉例來說，許多早期的iPhone客戶利用發光的螢幕照亮暗處，如半夜尋找臥室四周的走道，或是在忘記打開門廊燈時借光開門鎖。對於積極的程式開發人員而言，設計官方的iPhone手電筒應用程式輕而易舉，而這也是典型的任務統合解決方案，將新任務（手電筒）附加在現有組件（iPhone螢幕）上。還有iPhone使用者發現，可以利用照相機拍攝自己的臉部，將iPhone當鏡子用。如今任何人都可以下載「鏡子」app，將新任務（鏡像）附加在現有組件（相機）上，攝影機產生的臉部影像，如同真正的鏡中影像。

事實上，所有競爭者都爭相複製蘋果電腦的模式。如今人們認為在雜貨店、工作中、或公車上下載應用程式至行動電話上沒什麼了不起。但是，在2007年，App Store是一項革命性的創舉。

方法二：充分利用現有的內部資源

「我們沒有錢，所以不得不用腦袋。」

——盧瑟福德爵士（Sir. Ernest Rutherford），一九〇八年諾貝爾獎得主

約翰・道爾（John Doyle）當然瞭解劇場生態。在三十年的職涯中，他曾於英美國各地執導超過兩百齣專業作品，其中大多數是在小型、區域性的劇院。一九九〇年代初期，這位當時正在英格蘭鄉村一家小劇院工作的蘇格蘭導演，想到一個以有限預算製作通俗音樂劇的創新方法。與傳統戲劇相比，音樂劇的成本昂貴許多，主要是因為雇用樂師要價不斐。但是，道爾將音樂伴奏的責任交給演員，讓台上的演員兼任樂器演奏。

當然，這是運用任務統合技巧的第二種典型方法：利用封閉世界內已存在

的內部資源（道爾的例子是他的演員），賦予原本由其他內部資源（樂師）執行的新任務（擔任音樂伴奏）。這正是帕爾特醫師用以治療CPP病患的方法。

二〇〇四年，道爾默默在英格蘭波克夏的小劇院上演他的作品「理髮師陶德」（Sweeney Todd），但是隨著他獨特的舞台演出以及角色分配為世人所知，該劇很快就登上倫敦西區劇院的舞台，最後進軍百老匯。

起先，美國觀眾與評論家都抱持懷疑態度。他們已經習慣有著精心設計的舞台背景、二十五人制管弦樂隊的高成本、高科技百老匯作品，當幕簾拉開，樸素的舞台，區區十名演員坐在椅子上，還兼任伴奏樂師，這場景確實讓他們感到非常震驚。中場休息時，還可以聽到觀眾大喊：「他們居然敢這麼做！」

道爾在一次受訪中解釋，他無意破壞規則。「我從來沒有那個意思，但是因為負擔不起，『我們不要管弦樂團』的想法因此油然而生。」他表示。然而，資金缺乏反而創造了機會，拓展觀眾入戲的能力。「我的意思是，你很少會一手拿著飲料，雙腿夾著低音提琴，」他說，「這在現實生活中很少發生，所以我們要觀眾拋開先入為主的固有想法，體驗全新的感受。」在此前提之下，道爾熱衷於探索演員與觀眾之間的關係，他表示他很高興創造了「現實中的抽象概念」，帶給戲迷獨特的體驗。

道爾做了創造性的突破，同時他的「演員樂師合體」音樂劇演出方法震撼了國際劇壇，經費拮据的小劇場導演發現他們可以仿效這個模式，推出預算經濟卻新潮的音樂劇，讓感官最疲乏的觀眾耳目一新。

道爾在二〇〇六年以演員樂師合體作品「理髮師陶德」獲得東尼獎的最佳導演獎，並於二〇〇七年以演員樂師合體作品「夥伴們」（Company）獲得最佳音樂劇改編獎。受到廣大喝采、被封為百老匯音樂劇再造者的道爾相信，他的演員樂師合體法所帶來的成果，絕對遠超過單純省錢的概念。「我會創作我想說的故事，並且用適當的方法述說。我絕對不會只是利用這個方法經營廉價的劇場。」他說。

方法三：由內而外

第三種、也是最後一種你可以運用任務統合技巧的方法是，讓內部組件在封閉世界裡擔任外部組件的功能，也就是以內部組件「取代」外部組件的功能。

英國有五所大學攜手合作，建立一個讓人們為珍藏物紀錄故事的管道。這些珍藏物因此多了傳遞故事的功能，讓未來子孫更瞭解傳家寶的過往事蹟，甚至可以在傳給下一代後追本溯源。而物主也能透過即時推文更新珍藏物的歷任持有人。

這項專案名叫「細說從頭」（Tales of Things），包含了軟體應用程式以及線上服務，用以分享與追蹤個人物品的「生命故事」。「細說從頭」透過兩項方式為人生增添價值：第一，人們有了賦予個人物品更多意義的管道；第二，當人們愈強調生命中原已存在物品的重要性，家人與朋友在丟棄某物之前更會三思，並試著尋找新用途。

以下說明這項專案的運作方式。你拍攝物品並附上QR碼，任何人都可以利用智慧型手機或其他行動裝置掃描，立即觀看它的過往事蹟；除了讀取相關故事、訊息或建議，還能加上自己的注釋、照片、影片或音效（你可以試試圖5.2裡的QR碼，它是有效的QR碼！）

這麼做有何意義？假設你的祖父留給你一把世代相傳的老榔頭，你的曾曾祖父用這把榔頭建造他們的房子，你的曾祖父用它釘了一張有四根帷柱的床，而你的父母直到現在仍睡在那張床上。你珍視這件物品，更珍視它所蘊含的意義：祖父留給你一個有關這隻榔頭的故事，一個家族成員小心呵護超過百年的故事。你用同一隻榔頭打造孩子的遊戲屋、建造你心愛黃金獵犬的狗屋以及其他工藝作品。就像你的祖先一樣，你花時間為子女寫下有關這支榔頭所有特別的故事，這份紀錄這時可能已經累積到將近兩百頁，你將這份歷史紀錄交給兒子，並要求他繼續這項傳統。因為有「細說從頭」計畫，這類傳承不只變得可

圖5.2

能，而且變得更易於執行。

「細說從頭」透過第三種、也是最後一種方法運用任務統合技巧：將原先由外部組件（祖先）執行的任務（紀錄有關榔頭的家族故事並往下傳承），指派給內部組件（榔頭本身）。事實上，此內部組件取代了自外部組件的任務。

「細說從頭」的創始人在未來有更大的計畫，他們特別希望這個概念能商業化。他們相信企業將能利用這項服務吸引客戶。消費者可以與他人分享有關產品的意見與消息，如汽車、或工業設備等二手市場活絡的產業，可以藉此記錄二手車或鑽床的生命週期。

利用任務統合創新「無形資產」

沒錯，任務統合可以衍生新的產品概念，同時也可以幫助你創造或提升流程與服務。

以訓練為例。訓練員工，特別是關鍵職務的訓練，可說是企業內最重要的工作之一。舉例而言，消費商品的大型製造商或製藥公司，需要數萬名高度訓練有素且積極的銷售人員，在全球各地管理現有客戶，並吸收新業務。全球企業一年花費超過一千億美元在員工培訓上。

培訓成本高昂的原因之一是員工的技能與知識必須定期更新，新進員工在聘任時接受訓練是理所當然，但是當公司推出新產品或服務、員工執行工作的工具推陳出新，或政府機關發布新規定或法規時，員工也需要額外的訓練。企業組織該如何與時俱進？

還記得第三章所提到的諾蘭嗎？她為嬌生公司設計訓練計畫，培訓負責銷售複雜醫療儀器給全球外科醫師的銷售人員。嬌生公司希望銷售人員能夠實際在各地進行銷售，而非坐在教室內上課。因此，諾蘭的工作面臨時間上的限制，不斷在愈來愈短的訓練課程密集填塞更多資訊。對此，諾蘭決定嘗試任務統合技巧，看看能否找到創新的訓練構想。她組成一支跨部門團隊，集結來自銷售部、行銷部、人力資源部、醫學教育部以及品管部的人員，並邀請SIT講師努里特・柯恩（Nurit Cohen）與艾瑞茲・塔斯利克（Erez Taslik）加入該團隊，指導任務統合概念建構課程。

一開始，他們要求該團隊列出嬌生公司銷售訓練計畫封閉範圍內的組件，包括：

- 資深銷售人員
- 新進銷售人員
- 產品
- 教室
- 技術
- 課程
- 單元規劃
- 客戶（唯一的外部要素）

接著，該團隊討論如何對清單上各要素原有的工作附加額外的任務。諾蘭最後歸結三項她認為可能可行的初步構想：

- 新進銷售人員負責訓練新進銷售人員

- 產品負責訓練新進銷售人員
- 客戶負責訓練新進銷售人員

該團隊針對各項構想進行考量。諾蘭已經嘗試了第一項，在基本訓練課程中進行同儕間的角色扮演，讓新進銷售人員彼此相互訓練。諾蘭反思這項做法是否值得進一步推行。它雖然有用，卻沒有新意，角色扮演是許多企業訓練計畫的固定項目。是否可能有其他方法，讓受訓人員訓練其他受訓人員？新進人員是否真能加速接受訓練，教導班上其他成員部分課程內容？她決定先擱置這個概念，思考另外兩項想法。

那麼，第二個概念（利用嬌生的產品訓練銷售人員）可行嗎？該團隊針對一系列可以訓練銷售代表的新外科產品，反覆進行討論。這些設備的外觀及操作就像真的外科設備，但同時能播放指導銷售人員如何正確使用的聲音檔案。諾蘭認為這是個聰明的想法，但是可行嗎？嬌生公司研發團隊能否順利打造這種設備？甚至能否在外科工具植入MP3類型的音效裝置，好讓這些設備「說話」？若真的可行，設計與建造此等設備的成本有多高？最後，諾蘭和她的團隊認為，這個概念要付諸實行，需要大量的技術開發，不但耗時，而且成本可能是天價。

諾蘭提出最後一項構想：讓客戶訓練銷售人員。組員立即否定這個想法，驚呼著：「客戶應該是我們銷售人員要推銷產品的對象！」大部分人都想要排除這個構想。

如果你覺得這就是本書前文所說的功能固著現象，你完全正確。該團隊成員認為客戶僅具有客戶身分，他們相信企圖對客戶指派不同的角色，簡直荒謬至極。

團隊中來自企業銷售部的成員尤其反對，他們反問：客戶為什麼要進入嬌生公司的課堂上教導我們的銷售人員？這對他們有何意義？大多數客戶對銷售拜訪覺得反感，行程也已經排不出其他時間，而且可能會認為這是個騙局，認為我們只是藉機向他們推銷更多產品。

諾蘭則要大家更嚴謹地思考這個概念。「讓客戶訓練銷售人員會是什麼樣子？」她問，「讓我們假設這是我們唯一的選擇，而且必須讓它付諸實現。」

此時，來自嬌生醫學教育部的組員表達他們的疑慮，他們有些人對於客戶（執業外科醫師）可能奪走他們的功能，讓他們在訓練團隊中相形不具價值備感威脅。

諾蘭不為所動。「客戶是否擁有我們所不知道的知識可以教導我們？」她反問。客戶對嬌生產品的實際使用方法，確實比公司業務員更為瞭解，他們也比產品的設計者更熟悉產品，客戶也瞭解這些設備的真正價值所在，因為這是他們賴以執行攸關生死大事的診療工具。同時，他們對於競爭產品也很瞭解，對於嬌生與其他品牌的比較也有更多深入看法，而且還能提點銷售代表在銷售拜訪中的禁忌。

諾蘭也明白，邀請客戶參加訓練可以紓解工作過度人員的工作量，這更是一項額外的收穫。

但是，諾蘭直到真正將該構想付諸行動後，才發現讓客戶參與銷售訓練一項最大的好處：這是最好的品牌行銷策略。客戶喜歡參與，樂於參觀嬌生的設備、親身體驗嬌生銷售人員準備器具的過程。參與訓練似乎可軟化客戶的戒心，在接受銷售拜訪時變得更友善而親切，而且對嬌生品牌更忠誠。

然而，在諾蘭的團隊執行該想法之前，必須解決幾項現實的問題，例如應該邀請哪些客戶，以及如何回報他們的參與。就像其他任何新想法一樣，諾蘭在推行的過程中，遭受不少反抗的聲浪，但是，銷售人員與客戶最終都願意放手一試。

如今，實際客戶（執業外科醫師）協助訓練每位嬌生的新進銷售人員。該計畫已證明不僅有效率，而且效益突出，客戶在課堂上分享的許多智慧都無法詳實紀錄在訓練手冊裡。

由於此計畫的成功，嬌生公司的管理階層開始思考：若客戶能夠訓練銷售代表，病患有可能訓練護理人員嗎？答案是「可以」。

嬌生公司訓練全球數千名外科護理人員支援醫師處理各種醫療流程，其中一項是稱為肥胖手術（bariatric surgery）的減重手術。病患藉由分享親身經驗，提供教科書上沒有的資訊與深入觀點，協助該項訓練。護理人員可以在訓練中提問，諸如病患在醫院時接受何種治療、以及何以他們會選擇手術等問題，而答案讓所有的人都感到驚訝。

病患告訴護理人員，促使他們尋求手術解決肥胖問題的決定性時刻。有名病患在述說她沒辦法把自己的孩子抱在膝上時潸然淚下；有名病患是在拜訪田納西州的家人時，因為必須購買兩個航空座位，而痛下決心；還有一名病患則是在無法坐進雲霄飛車的座位時，受到刺激而採取行動。

受訓的護理人員對這些決定性時刻亦有所體認，他們瞭解到病患決定接受減重手術的兩項原因：一是「健康」理由，另一是「生活」因素。雖然許多病患基於醫師對糖尿病、高血壓與潛在併發症的考量而接受手術，但是有更多病患其實是為了改善生活品質，才更加積極地接受手術，如能與子女玩得更開心、在職場中更有自信、穿著更時尚的服飾。為了做好工作，護理人員更需要這些心理層面的深層見解，而非僅是護理人員訓練計畫中一般教導的技術與臨床知識。

嬌生公司所使用的任務統合技巧在許多方面與蘋果電腦的iPhone app策略極為相似。兩者都賦予現有資源新的任務，嬌生讓病患在接受手術的傳統「任務」外擔任訓練的工作，最後獲得顯著的創新效果並提升訓練品質。

任務統合是多元的工具，可以運用於各種不同的情境，產生創新的新鮮點子，尤其是在引進外部資源或獲得新能力上受限時特別有用。任務統合技巧促使你思考不起眼的組件如何解決問題，利用手邊可用的資源做到最好。

任務統合模式也能解決以下現實世界中的挑戰：取得淡水、拯救蜜蜂數量以及追蹤運動表現。你能否看出以下故事在任務統合方面的應用，以及各封閉世界內有哪些組件被賦予新任務？

遊戲泵浦

據說，發明大王愛迪生曾將泵浦連結到他家的前門，不明就裡的訪客每次在開關大門時便將淡水泵抽到他屋裡。利用任務統合的專業術語分析這個故事，我們會說愛迪生的訪客是被賦予打水這項新工作的外部組件；大門是利用訪客的力量達到此效果的資源。

無論這傳說是真是假，這個巧思確實有其價值。現今，在撒哈拉以南非洲地區的學校，利用孩童旋轉戶外旋轉木馬產生的能量從井裡泵水，打造遊戲泵浦。

取得乾淨水源是人類的基本需求。遊戲泵水系統讓大多數撒哈拉以南非洲地區皆可取得乾淨的水源。遊戲泵浦安裝在小學附近的農村村落中，方便孩童進入玩耍，自地下水源收集乾淨的飲用水，儲存在大型水塔中。水塔中的水可透過村落中心的水龍頭輸送，供所有社區共享，用於飲用、烹煮、盥洗以及種植蔬菜。

如此汲取淡水的利益不僅止於飲用與衛生盥洗。在非洲農村，婦女與女孩每天都要走好幾個小時的路取水，往往需前往或經過不安全的地區。有了位在自家村落的泵浦，他們可以留在家中照料子女、從事受薪工作、上學、種植蔬菜或經營事業。井裡的淡水因為在使用前毋須烹煮，村落可節省天然氣或木柴等珍貴的資源，並減少燃燒燃料對環境的傷害。可取得乾淨水源的家庭

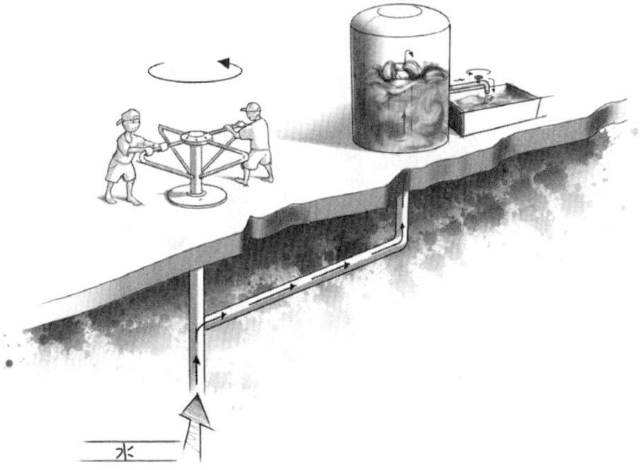

圖5.3

能夠種植自己的作物，或經營小型事業，更有能力自給自足，遊戲泵浦因此協助許多村落減少飢餓、創造就業、提升經濟和社會。

本例應用了兩種任務統合技巧。首先，為了創造遊戲泵浦，孩童以及旋轉木馬（兩者皆為外部組件）承擔了新任務。除了遊戲（傳統任務）之外，他們也泵水（新任務）。但是，任務統合技巧的應用也觸及該系統維護成本的負擔，以及教育社區有關公共健康的議題。水塔外部可以賣廣告，讓地方企業推銷適合小學生的產品與服務，同時也可以宣導有關衛生、HIV以及其他健康相關議題的公共服務公告。如同道爾在百老匯戲劇性的成功，遊戲泵浦也是因為資源有限才應運而生，兩個故事皆展現任務統合美好的實質面：利用現有資源達到更多成果，而且往往是超乎想像。此外，任何人或任何組織，無論多富有或多成功，都不可能擁有無限的資源，因此看來，「資源有限」正是每個人都有的珍貴本錢。

大向日葵計畫

回溯至二〇〇八年，當時舊金山州立大學生物學教授格雷琴・勒布恩（Gretchen LeBuhn）焦慮萬分，她對加州納帕谷（Napa Valley）蜜蜂數量的研究顯示，野生專家蜜蜂（專門為特定花種授粉的蜜蜂）的數量正急速下降，她懷疑下降的原因可能與該地區廣大的葡萄園有關（納帕谷是加州葡萄酒的產區），但她需要更多數據佐證，而她尤其擔心這是全國性的普遍現象。這是各地都有的情形嗎？

野生專家蜜蜂消失會導致相當嚴重的後果，人類食用的食物有三分之一是透過「動物傳粉」，也就是昆蟲在植物之間的活動（特別是蜜蜂），才能生長。動物傳媒在開花植物的繁殖、果實與作物的生產上扮演關鍵角色，大多數植物需要傳粉媒介的協助，以生產種子與果實。開花植物中約有八成仰賴蜜蜂等動物傳媒，人類食用的主食作物（例如玉米與小麥）中則超過四分之三。

科學研究已有好一段時間持續警告，蜜蜂以及土蜂的數量正在減少。勒布恩等科學家擔憂此現象將會傷害栽培植物、作物以及野生植物的授粉，若科學家能瞭解更多蜜蜂的行為，蒐集各時區與地區內蜜蜂的相關資料，或許就能想出保護與提高蜜蜂數量的方法。

但是，如此大規模地追蹤蜜蜂該如何進行？勒布恩的研究預算有限，各組織的捐款以及系上補助只湊得一萬五千美元。即使她請一位學生回到納帕谷進行其他測量、計算蜜蜂數量，由於舊金山校區與納帕谷有段距離，費用仍然高昂而且耗時。因此，勒布恩有了新想法，她在研究的過程中，曾認識幾位納帕谷葡萄園的主人，或許他們願意為她蒐集資料。於是，她向他們提出要求，而對方也同意進行相對簡單的工作。事實上，他們欣然答應，讓勒布恩相當興奮，若忙碌的葡萄園主人可以計算蜜蜂數量，任何人都可以勝任這項工作。她本身是個熱衷園藝的人，因此她思考聘僱擁有花園的屋主加入計畫的可能性。

首先，勒布恩需要規畫一個簡單、標準化的蜜蜂資料蒐集規則，好讓任何人都能遵行。這時，她想到了「向日葵」。向日葵易於種植，是美國大陸四十八州的本土植物，最重要的是，它的花面大而平坦，可輕易看見向日葵花面上的蜜蜂。勒布恩邀請幾位朋友在本地的自然溫室測試這個構想。她提供朋友向日葵的種子，請他們種植並澆水，當花朵盛開時，在每日某個特定時段中計算一小時內的蜜蜂數量。她的朋友雖然樂意幫忙，卻不肯連續一個小時都盯著向日葵看。但即使把時間縮短到十五分鐘，勒布恩還是沒有獲得任何回應，沒有任何人提供任何資料。於是她開始打電話詢問，但她得到的答案令她吃驚，她的朋友告訴她：「我之所以沒有回電，是因為我一隻蜜蜂都沒看到。」

勒布恩警覺事態不妙，於是決定繼續推動這項實驗，她稱之為「大向日葵計畫」。她建置了一個網站，寄發電子郵件給在南部幾個州重要的園丁統籌人，向他們徵求志工，他們隨即透過網絡傳達她的請求。二十四個小時之內，勒布恩募集到五百位志工，在一週結束之時，多達一萬五千名人士願意協助。最後，該網站因回覆爆量而當機。

勒布恩將內部任務（資料蒐集）指派給外部資源（家庭園丁），這項任務統合創新一炮而紅。

如今，這項大向日葵計畫已有超過十萬名志工協助計算蜜蜂數量，並在線上回報觀察結果。勒布恩利用這些資料繪製傳粉媒介的分布；傳粉媒介服務業者則利用該圖判斷蜜蜂大量繁殖的區域，以及需要協助的地區。

勒布恩保持持簡單的實驗架構，每年七月或八月中固定一天，志工出外到他們的花園觀察蜜蜂，在十五分鐘的時間內數算停留在向日葵上的蜜蜂數量以及種類，然後在線上輸入觀察的數據，隔年亦然。雖然個別志工所扮演的角色極其微小，但一筆一筆資料集結成非常龐大且豐富的研究資料數據。在這些來自全國各地成千上萬的人士協助之下，研究人員建置出全國野生專家蜜蜂數量的分布圖，協助他們判斷何時何地需進行保育工作。

「這些平民科學家僅僅花十五分鐘，就拯救了蜜蜂，」勒布恩說，「有如此多不同的人願意參與、協助、有志於讓世界更美好，真是相當了不起。」

還記得Captcha與reCaptcha的故事嗎？勒布恩對任務統合的應用與安博士大規模的書籍數位化計畫如出一轍。他們兩人都利用人類腦力，一個是公開要求，另一個是暗中進行，讓人腦在從事一項任務的同時，一併完成另一項任務。

而我們發現，任務統合的實踐者開始遇到彼此。勒布恩參加國家科學基金會的研討會時，遇見了安博士的學生伊蒂絲・羅（Edith Law），她們兩人目前正在合作一項計畫，利用線上遊戲軟體提升平民科學家的效能。

羅認識勒布恩之前，已經開始撰寫名為「EPS遊戲」的計畫。雖然表面上這像是一款線上遊戲，但如同Captcha，ESP遊戲是有目的地利用人類能力的巧妙設計。羅希望透過這項特別的專案，獲得全球數百萬狂熱的遊戲玩家協助辨識與「標注」網際網路上的圖片。當人們在線上搜尋標注語時，即可找出這些標注的圖片。例如，一名男子坐在公園長椅上的相片可能被標注「公園」、「長椅」、「坐著」、「沉思」、「寂寞」等等。任何人在Google等搜尋引擎中輸入這些語詞時，即可在結果頁面上看見此圖片。

目前電腦無法辨識圖片，因此羅將需耗時數百小時繁重又無趣的工作，偽裝成ESP遊戲。

這個遊戲的玩法是對兩位玩家展示一張隨機挑選的圖片。若是同處一室內，兩位玩家需面對各自的電腦螢幕，無法看見彼此的行為。然而，ESP遊戲通常在網路上進行，因此玩家身處不同的房間、建築，甚至是不同的城市或國家。雙方一起猜測圖片，並將答案輸入螢幕上的方格。如果猜測相符，就能得分，接著再進行下一張圖片辨識。這個遊戲的目的是對圖片的意象取得最大的共識。每當玩家的看法一致，他們的答案會輸入紀錄該張圖片相關答案的資料庫。當有足夠的ESP組數（各組獨立）對該圖片提出相同的答案時，這個答案即以數位化的方式標注於圖片，並放到網路上。因此，一張橡樹的相片經過足夠的組數認定為橡樹時，該相片即被標為「橡樹」，使圖片更易於在網路搜尋時找到。

科學家利用人類辨識圖片的能力，可對模糊的圖片做出更確切的標注。ESP遊戲有哪些實用的效果？只要上Google網站，進入「圖片」搜尋，輸入敘述性關鍵字，即可獲得所有被標註該關鍵語詞的圖片。試想，網路上有數十億張相片、圖畫、素描以及繪畫的數位重製品，如果要以人工篩選方式搜尋一張圖片，比方說歐胡島的拉尼凱海灘，你要多少時間逐一搜尋。現在，你只需要數秒，就可以確定拉尼凱海灘是否是全家度假的理想地點（相信我們，就是這麼簡單）。也或許你希望獲得有關醫師建議療法的相關資訊，你已閱讀相關的文字說明，也希望看見實際的圖片。因為ESP遊戲玩家已標注該醫療方法的圖片，因此你能夠輕易地搜尋到相關圖片。在許多時候，一張圖片值千言萬語，影像傳達了無法以文字或語言表達的訊息。

羅想要改寫ESP遊戲，用來訓練平民科學家。

「我的計畫是將遊戲應用於平民科學領域，也就是利用平民科學專案的圖片，例如鳥類、蝴蝶、與蜜蜂等，讓平民科學家在玩遊戲當中，學習區分容易混淆的近親物種，」她說，「藉此訓練平民科學家，降低他們在這方面的錯誤，同時所蒐集到的資料也會對電腦視像有很大的助益。」

勒布恩與羅發現ＥＳＰ遊戲等概念可提升勒布恩偉大向日葵計畫的效能。首先且最重要的是，志工可藉由遊戲，學習區分雄蜂與雌蜂或不同的蜜蜂種類。第二，這個提供免費科學訓練的遊戲，吸引更多志工加入偉大向日葵計畫。野蜂族群並非是此合作案唯一受惠的對象，羅也和明尼蘇達大學合作，進行斑蝶幼蟲監控專案（Monarch Larva Monitoring Project；MLMP），此平民科學專案利用美國與加拿大各地的志工，長期收集北美斑蝶數量的資料。

任務統合諸如此類的運用相當普遍，甚至因而有了別名。你或許聽過「群眾外包」（crowdsourcing）一詞，傑夫・豪威（Jeff Howe）在二〇〇六年於《連線》雜誌發表的文章〈群眾外包的興起〉中創造了這個詞，他形容這是「分散式解決問題與產生成果的模型」。如同勒布恩，許多企業與組織，包括非營利科學機構，求助於所在社群解決問題，有時整個世界都是求助對象；有時只需極少數人協助。在許多情況中，群眾外包解決方案是由業餘人員或志工在閒暇時間所創造，大多數都隱含任務統合概念。

創新始於足下

認真的跑者都是跑步成癮的人。他們大多數人會告訴你，他們並不那麼在意運動對身體的好處，而是深深愛上跑步後興奮愉悅的心情。就生理的角度而言，此種愉悅是受刺激的神經系統啟動大腦釋放貝塔腦內啡（beta-endorphins）的結果。這種「跑者的亢奮」和藥物、酒精、甚至食物的成癮一樣，甚至可以取而代之。

認真的跑者也為自己設定目標，他們很在意成績。跑者會測量跑步的距離與速度，並持續追蹤結果，以鞭策自己更努力、跑得更遠、更快。

要如何利用任務統合技巧，滿足這種對測量、度量、生物回饋以及持續提升的渴望？能否有一雙跑鞋，除了具備一般功能，還能協助跑者達成這些目標？

一九八七年，運動鞋大廠耐吉（Nike）推出一款突破性的產品：耐吉

Monitor。這是耐吉首次嘗試協助跑者監控運動績效的新產品，雖然吸睛力十足，但在商業上卻是一大敗績。這款Monitor跑鞋相當笨重，配有一個書本大小的主機，主機裡裝有兩個聲納探測器，跑者必須把主機綁在腰間。聲納探測器會記錄跑者的速度、將資料輸入聲音識別系統內，然後「告訴」跑者目前跑步的速度以及距離。Monitor在推出時占盡媒體版面，但銷售成績卻不理想。一九八九年，Monitor終告停產。

雖然該產品失敗，耐吉內部的忠實信徒知道，跑者仍渴望一款流線精簡的裝置，用以記錄跑步過程的相關資訊。新發表的醫學研究指出，此類回饋具有高度價值。二〇〇一年《美國健康行為期刊》（*American Journal of Health Behavior*）刊載一篇研究報告顯示，個人化回饋可提升戒菸或戒酒計畫的效果，同時有助於人們保持運動。人們接收此類健康計畫相關表現與進展的有形度量時，明顯展現出更高的信念與決心。基於這些理由，耐吉持續醞釀Monitor背後的概念。

最後，在Monitor宣告失敗將近二十年後，Nike+首度亮相。它在設計上搭配iPod使用，首批Nike+產品只有三項元件：加速器，安裝在具有特殊裝備的Nike+跑鞋鞋跟裡，用以測量步伐；發射器，傳送訊息至跑者的iPod上；以及電池。之後發表的Nike+則包含搭配iPod Touch與iPhone的模組，以及可獨立於蘋果電腦裝置之外運作的腕套系統。

不若Monitor，Nike+輕巧、低調、易於操作。跑者在iPod上輸入跑程目標，跑步當中將有語音告知跑者目前的速度、已完成里程以及達到預設目標的剩餘里程等資訊，跑步結束時，跑者按下停止鍵，資料即儲存到iPod裡。下一次，當跑者同步更新iPod時，這些資料將自動上傳至Nike+網站，網站會把新資訊新增到跑者個人的跑步記錄。耐吉也是這些資料的受益者。跑者上傳的每一筆資料，都會成為耐吉的市場研究資訊。現在，耐吉知道週日是最熱門的跑步日，也知道大多數Nike+的使用者在夜間跑步。可以想像，每逢假日過後，網站上跑步目標的設定大幅增加。二〇一一年一月，Nike+客戶的目標設定數大幅跳升，是二〇一〇年十二月目標數的三一二%。

Nike+也提供了有趣的新資料，成為醫療專業人員宣導健康行為的工具。就統計數據來看，僅上傳一次或兩次跑步記錄至網站上的跑者，多半無法力行定期的跑步計畫，但是上傳達五次記錄的跑者，更可能維持長期的跑步習慣。

他們沉浸在愉悅的心情中，同時迷上Nike+系統所提供的回饋。

耐吉利用任務統合模式，賦予跑鞋追蹤成績的任務（當然，跑鞋仍然具備保護跑者足部的原始功能）。現在，耐吉擴大多功能鞋款的概念，設計運動專用的監控設備，Nike Hyperdunk+可測量打籃球時的跳躍高度、速度以及力道。想像一下，鞋子還能提供哪些其他資訊？

運用步驟

要達到任務統合技巧的最大效果，你須遵照下列五項基本步驟：

1. 列出所有內外部組件，即構成產品、服務或程序封閉世界的要素。
2. 自清單中選出一項組件，利用以下三種方法賦予該組件額外的功能：
   a. 選擇外部組件，並利用它執行產品已經完成的工作（例如：iPhone app開發商）。
   b. 選擇內部組件，並賦予它新的或額外的工作（例如道爾的演員兼樂師）。

c. 選擇內部組件，執行外部組件的功能，有效「取代」外部組件的功能（例如：「細說從頭」的傳家寶傳承家族歷史）。

3. 具體呈現新的（或改造的）產品或服務。
4. 試問：有哪些潛在的效益、市場、和價值？有誰想要？為什麼他們覺得有價值？若你正嘗試解決某個問題，這麼做是否有助於解決這個問題？
5. 若你認定新產品或服務具有價值，接著試問：是否可行？是否確實可能設計出這些新產品？是否要執行這些新服務？為什麼或為什麼不？是否可再琢磨或調整該想法，以求實際可行？

常見陷阱

如同運用本書所述的其他技巧一樣，你必須正確運用任務統合技巧，才能達到效果。以下說明如何避免部分常見的錯誤。

切勿只打「安全球」，將新任務指派給想當然爾的組件

指派任務給直覺聯想的組件，或是自封閉世界清單內隨機選出組件並賦予新任務，兩者應交替運用。非直覺聯想的組件更可能產生創造性的突破。請回想南韓首爾飯店如何與計程車司機合作，確認再度入住飯店的賓客，好讓櫃台人員可據此給予適當的問候。

務必找出封閉世界內平凡無奇的組件

尋找任何你可能錯過的平凡組件，切勿讓功能固著限制了想像力。向他人尋求協助，以免錯失任何組件。例如，詢問客戶在封閉世界內所看到的事物，他們的認知可能與你相異，而能提供你未曾想過的建議。若你不擅於此，可利用Google等線上搜尋引擎，增進你對內部與外部組件的理解。例如搜尋「飛機組件」，將可獲得許多此特定封閉世界內部組件相關的資源。接著，想像人們與飛機之間例行的互動，包括旅客、機長、飛航管制人員、機械師、以及空服人員，據此開始羅列外部組件清單。

切勿將指派新功能誤作集合或變更功能

瑞士刀是多種工具的組合，各項工具有其獨特的功能。同樣地，多功能錶也結合了計時器、GPS、羅盤、日曆與警報器等多項功能。這兩個例子中，雖然各個功能集結在單一裝置中，但各個組件仍僅執行原始的工作，而未增加其他任務，這不是任務統合，只是「任務集合」。

利用全部三種可能的方式應用任務統合技巧

物件與想法的循環再利用

任務統合讓創新者以新方法使用封閉世界內的現有資源，以提升構想的價值。任務統合思維能開創無限可能性。你可以混合與搭配其他技巧，創造更多的創新。

舉例而言，當你利用簡化技術產生新點子時，請在封閉世界內尋找替代物件，賦予額外的功能。同理，應用分割技巧時，想想位在他處的物件如何在新位置擔任額外的角色，例如將你的電腦畫面分割成數個區塊，好讓你可針對各個「視窗」指派新的額外任務，如顯示不同的軟體應用程式。使用加乘技巧時，複製物件並在現有功能上賦予額外的新角色。這種框架內思考能增進任何創造性想法的潛在價值。

第六章／屬性相依：巧妙的關聯

舉凡萬事萬物，變是唯一不變的道理。

——約翰・甘迺迪（John F. Kennedy）

你可能覺得好奇，前一頁下方的甘迺迪名言，最後幾個字的字體為什麼要愈印愈大？我們先來談談變色龍這個地球上最令人費解的動物，再解釋頁面設計裡的玄機。

沒錯，正是醜陋的變色龍。

變色龍是一種特殊且高度專門的蜥蜴物種，四肢怪異，狀似鉗具，雙眼突出立體，可各自獨立轉動，並有極長的舌頭（有時是身長的兩倍），伸縮進出嘴巴的速度快得驚人。牠們獨特的搖擺爬行方式、長尾，以及頭頂上或冠或角的鈍形突起物，讓牠們看起來像來自史前時代縮小版的恐龍。事實上，這種技巧高超的獵食動物已歷經數百萬年的進化。然而，變色龍最重要的特徵是牠著名的變色能力，可隨環境改變膚色（實際上，這種能力也僅限於少數幾種變色龍）。任何時候，變色龍的皮膚隨著所在環境而變成粉紅色、藍色、紅色、橘色、綠色、黑色、棕色、黃色、藍綠色、紫色，甚至是奇特的混合色。這項變色能力可以貼切拿來比喻（或許已被過度使用）一個人可隨心所欲神祕消失的能力。正因為變色龍的膚色可隨著環境而變色，而成為說明系統性創新思考第五項技巧的最佳代言人，這項技巧就是「屬性相依」。

想要瞭解屬性相依，首先要瞭解，在許多產品或程序中，有部分要件、要素或步驟乃依存於其他要件、要素或步驟，其中一個出現變動時，另一個也會隨之變動。

舉例而言，試想變色龍與大多數物種間的差異：在本質上通常是相互獨立的兩個項目，如身處環境的實際顏色與動物本身的膚色，在變色龍身上卻是相關或相依。

譬如說，狗身上就沒有這種相互依存關係。狗不會隨環境改變膚色，狗在紅色絲絨床裡時，膚色與在公園裡時相同。然而，變色龍的顏色極度取決於環境，這正是我們所稱的屬性相依，特定標的或程序的屬性（在本例中，顏色是屬性；變色龍是標的）依存於其他項目（本例中是環境的顏色）。

在框架內思考下，運用屬性相依技巧時，要先選出兩項原本各自獨立的屬性（或特性），以有意義的方式建立相依性。

創造有意義的相依關係

本章一開始引述甘迺迪總統的話就是這項技巧的範例。除了這句話以外，本書中，字體的大小與文字所具備的功能息息相關，你不難看出兩者間的關聯：字體愈大，代表內容愈重要，你愈該多加注意。例如，本書的書名用大字體印刷（本書最大的字），主標比副標大，副標又大於內文。因此，文字的重要性與字體的大小相互依存。

然而，本章一開始引述的句子（如圖6.1）則是不同的依存類型，第二句字體的大小取決於該字在句子中

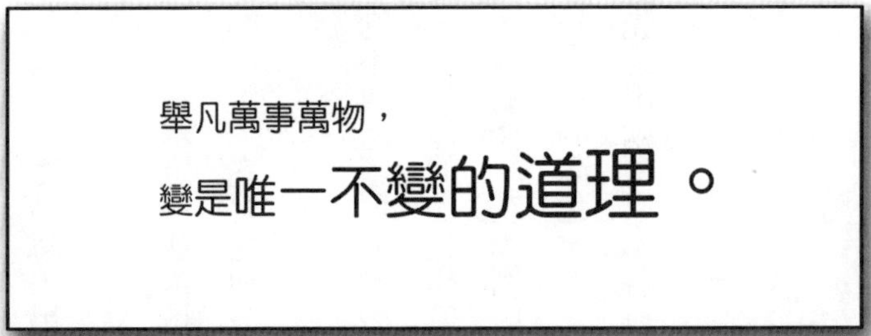

圖6.1

的位置，愈接近句尾，字體愈大。

引述甘迺迪這句話使用不同大小字體雖然運用到屬性相依，但它不是有意義的運用。舉例來說，變色龍深深受惠於屬性相依模式：無疑地，牠因此受到保護，免於掠食者的侵襲，同時有助於隱藏自己，不被獵物發現，成為更有效的掠食者。

相反地，因文字所在的位置改變字體的大小毫無意義。但是，先前所提本書中另一種字體大小的依存關係，則確實有其價值，這正是我們所強調的，基於創新目的運用屬性相依時，必須產生新價值，才有意義。

自然界中處處可現屬性相依。例如，長頸鹿因為身高的關係，血壓約為一般大型哺乳動物的兩倍，而它的心臟體積相對於體型，也比任何其他動物大，約有兩英呎寬，重達二十二磅，否則心臟無法將含氧血液泵到又高又長的頸部和大腦內。

這是極驚人的循環系統，可讓長頸鹿利用長頸觸及高處的枝葉，同時確保大腦獲得充分的氧氣。但是，這套系統也衍生一個問題：長頸鹿彎身時，頭部便遠低於心臟（參見圖6.2），由此所產生壓力足以讓長頸鹿的腦血管爆裂，光是彎身飲用溪水就可能是致命的動作。

顯然，長頸鹿在站立與彎身這兩種極端姿勢間變換時，身體必須能調節血壓。事實上，長頸鹿頸部上端有一個複雜的血壓調節系統，能在低頭時預防過量的血液流入大腦。在此，我們再次看到屬性相依：進入長頸鹿大腦的血液流量取決於頭部與心臟之間的相對高度。

圖6.2

長頸鹿超乎尋常的身高，還需要其他獨特的生物系統，而這些同樣展現屬性相依性質。例如，長頸鹿小腿內的血管因為血液流量而承擔龐大壓力。在其他動物身上，這種壓力劇烈到足以讓血液衝破微血管壁。然而，長頸鹿的下肢有厚實的皮膚緊緊包覆，防止心血管系統在高度壓力下破裂。

超過三分之一的創新來自屬性相依

雖然與本書所討論的其他技巧相比，屬性相依更為複雜，但它也是現今強化既有產品或創造新產品時最常使用的技巧，三五%的創新可歸因於它的應用。所以說，即使變色龍的膚色調整能力在自然界中可能很少見，但是近期許多新推出高度創新的產品都採用此一概念，尤其是食品業。以下介紹幾個案例。

喝咖啡的晨間通勤族可能很快就會注意到一種新款的外帶杯杯蓋。杯蓋製造商採用隨環境溫度變色的材質，設計出一款新式杯蓋，尚未使用或低溫時，杯蓋呈現棕色，杯子裝滿熱咖啡或熱茶時轉為鮮紅色，隨著飲品降溫，也逐漸回復為原始的棕色。飲用者只要觀察杯蓋顏色，就能辨別飲料是否會燙口（或是夠熱）。

嬰幼兒經常使用奶瓶飲用溫牛奶或其他牛奶替代品，父母與保姆必須留意避免溫度過高燙傷嬰兒的嘴巴。不幸的是，半夜使用微波爐加熱奶瓶時，容易出錯。將奶瓶降至適當的溫度需時漫長，尤其是當飢餓的寶寶在懷裡放聲大哭時，更是令人心煩意亂。利用屬性相依模式，將溫度與顏色連結的新發明則解決了這個問題。皇家工業公司（Royal Industries）的Púr部門從事嬰幼兒產品的製造已超過二十年，最新的嬰兒奶瓶採用新材質，瓶內液體溫度達華氏一〇〇．四度時就會變色，提醒疲憊的父母終止微波，再加上滴在手腕上測溫（舉世通行的步驟），Púr奶瓶讓父母在掌控溫度上更得心應手。

但是，食品業運用顏色與溫度的屬性相依關係，可追溯至更早以前。利用此特殊方法（直覺式地）運用屬性相依技巧的，首推J.M. Smucker Company的Hungry Jack可微波糖漿瓶，當糖漿達到一定溫度時，瓶上的標籤會變色，告知已可使用並安全倒出。

溫度與顏色間的屬性相依模式也可以運用在需降溫的飲品上。Mar de Frades一款2003 Albariño的酒種，標籤利用熱感應墨水顯示瓶內飲品的溫度，當酒的溫度達到最佳飲用溫度華氏52度時，水波上會出現一艘藍色小船。

定義相依性

相依性僅存在可變更的事項之間（通常稱為變數）。這很合理，對於固定無法修改的特性，無論設定何種條件或做出任何努力，其依然維持原狀。以人類的鼻子為例，在卡羅・柯洛迪（Carlo Collodi）所著的《木偶奇遇記》中，每當故事主角木偶皮諾丘說謊時，鼻子即隨之變長，若皮諾丘不斷說謊，他的鼻子便不斷變長。鼻子長度與誠實之間存在屬性相依關係。現實生活中當然沒有這種關聯，鼻子不適合做為屬性相依的變數。那麼以Hungry Jack瓶中的糖漿為例，它可以有各種不同的改變（可能性）：數量、溫度、濃度、顏色、口味等等。糖漿是不錯的屬性相依選項。

當你選出兩項變數後，下一步是建立兩者間的相依關係，也就是其中一項變數變動，另一項也隨之變動。

本章已討論不少相依性的例子：變色龍的膚色取決於所處的環境，Púr奶瓶顏色隨溫度改變。另外，雖然本書中大多數字體的大小代表重要性的程度，但是有一句甘迺迪的話則呈現不同的相依性：文字的大小與句中位置相依。

為了更具體說明屬性相依的概念，請看圖6.3。你認得圖中的名人是誰嗎？

大多數的人第一眼看到的是愛因斯坦，他應該是有史以來最具創造力的科學家之一。但是，你也可能看到另外一個名人。如果你看到的是愛因斯坦，你必須調整照片才能看到圖片裡的另外一個主角。請拿下近視眼鏡，或者將書本放遠，讓視焦呈現模糊狀態。還是看不到嗎？你可以向別人借一副眼鏡試試。

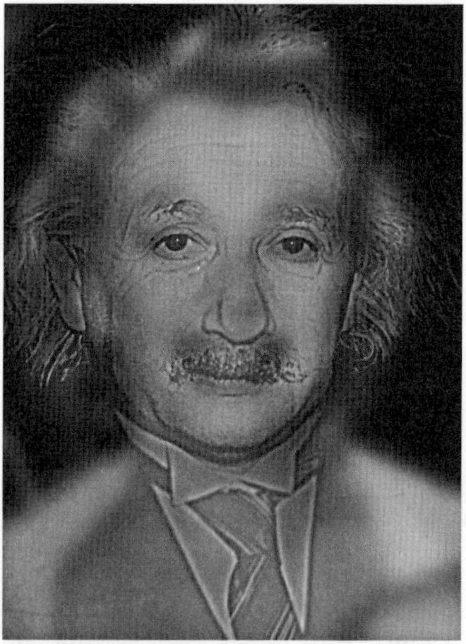

圖6.3

現在，你看到瑪莉蓮夢露了嗎？（如果你一開始就看到瑪莉蓮夢露，你可能需要看眼科，不然就是你的視焦別於一般人。）

你在圖6.3所看到的影像也具屬性相依。此例的兩項變數為何？試想一下有哪些事情改變？顯然，看到的影像有所改變。那麼另外一個變數是什麼？沒錯，正是視力的清晰度。若你的視力達雙眼2.0，或者配戴精準矯正（或幾近精準矯正）視力的眼鏡，你會看到愛因斯坦。當視力受到扭曲，如拿下眼鏡、拉遠書本距離讓焦距模糊，或配戴不適合你的眼鏡，你會看到瑪莉蓮夢露。

這張瑪莉蓮夢露與愛因斯坦混合的影像是由麻省理工學院教授奧德・奧立佛（Aude Oliva）博士為二〇〇七年三月三十一日出版的《新科學》雜誌所創造。這並非單純為娛樂而作的視覺幻象，類似的圖片應用在瞭解人類大腦處理視覺影像的研究上。而此類混合影像背後的概念並非新的想法。無論是否瞭解箇中道理，藝術家早已運用屬性相依，創造出依據視圖者不同的觀看方法而呈現不同影像的作品。讓我們看看梵谷的名畫「星夜」，如圖6.4所示。

若你非常近距離地觀看這幅油畫，只會看到一筆一筆同等粗細的筆刷線條，但是當你退後，壯觀的景象隨之浮現。距離畫作愈遠，筆刷線條愈能融入畫作本身，呈現整體影像；筆觸與距離之間的關係相依。

圖6.4　梵谷《星夜》，聖雷米，一八九九年六月，帆布油畫，29"x 36¼"（73.7cm x 92.1m），麗莉・布里斯（Lillie P. Bliss）遺贈，美國紐約現代藝術博物館收藏

我們該如何運用屬性相依性創新產品與服務？這比運用其他技巧的難度更高一些，但如果你成功了，就絕對值得。

風中之燭

假設你剛接管一間蠟燭工廠，即將經歷新職務中的第一次危機，需要框架內思考創新解決問題。在處理危機之前，我們先快速了解一下蠟燭製做過程。許多人並不清楚，蠟燭其實是相當複雜的系統。固體蠟是蠟燭燃燒時的燃料，沒有蠟，燭芯（其實只是一條線）只能燃燒幾秒鐘。另一方面，沒有燭芯，蠟也無法燃燒。以下是蠟燭燃燒的過程：

1. 熱源熔化蠟燭頂端的蠟，化為液態蠟。
2. 燭芯利用毛細現象將液態蠟上吸至蠟燭上方，使其靠近火源。燃燒的熱度使蠟蒸發，蠟蒸氣在火源附近燃燒而產生燭光。
3. 蠟蒸氣與氧氣具有適當的比例，才能持續燃燒蠟燭，維持火焰。

過去，大多數的蠟燭是由液態燃料做成，液態燃料置於盤中，燭芯浸在燃料裡。為什麼蠟燭會改成現在的固體蠟形式？有兩個可能的解釋：

1. 市場力量驅動直立式蠟燭的需求，或為擺脫使用不便的油盤

2. 任務統合技巧激勵創新思維：若燃料本身可同時做為盛裝容器並裝載燭芯，則可省去油盤。要達到此目的，必須變更油的狀態。

對於現代蠟燭演變至今日模樣的原因，我們無需考究，但是它的演進是根據物理學法則，而同樣的物理學法則可做為蠟燭進一步改良的指引。

現在，身為蠟燭工廠經理的你，準備好面對危機了嗎？

一早，生產部主管向你報告一件奇怪的事件。一批前一晚生產的蠟燭品質有異，外層蠟熔化的溫度高於內層熔化的溫度，主管們都不知道怎麼回事。現在這批蠟燭已經報銷，問題如果不馬上解決，下一批蠟燭勢必也會跟著報銷。你有何建議？為了解決問題並降低對企業的損害，你可能會問，他們需要哪些資源（工具、時間、與成本）才能分析這批蠟燭的問題，以瞭解哪一環節出

錯。接著，大多數主管會向生產工程師如此下達命令：動用任何所需資源，務必在明日前解決這個問題！

但是，你不是傳統的主管：你是技術優良的蠟燭製造者，同時因為你讀過本書，熟知系統性創新思考，也知悉一般的創新技巧與特殊的屬性相依模式，因此你注意到，這起意外事件顯現屬性相依的兩個特質：有兩項變數，而且它們相互依存。

事件發生之前，整支蠟燭的蠟熔化溫度一樣，換句話說，無論測量蠟燭的哪個部位，得到的熔化溫度都一致，因此無論在蠟燭中心或外側，蠟都在同熱度下熔化。

然而現在，蠟的熔化溫度隨著中心距離而增加。

你向來對創新遠比單純解決問題更有興趣，因此很自然地聯想到，這批蠟燭所展現的屬性相依，是否潛藏將「意外」轉化成獲利的機會（請回想軟體公司在產品無法執行時著名的那句：「那不是個錯誤，那是個功能！」）

的確，這些並非傳統的工廠經理會提出的問題，但既然你敏銳地意識到「形式決定功能」，你決定花些時間思考可能性。

因此，你的第一步是詢問生產部主管，此事件對於顧客使用產品會產生哪些差異？他們會告訴你說，蠟燭因為內外層熔點不同，內層的蠟比較快熔化，所以蠟燭中心會形成一個凹槽，造成蠟燭熔化的外形與傳統不同（參見圖6.5）。

現在，請思考顧客使用蠟燭時的需求，想想是否有任何顧客能受惠於這種蠟燭？這種新的燃燒方式是否具備任何價值？

我們在研討會以及課堂上提出這個問題時，學員通常在三分鐘內想到下列優點：

圖6.5

1. 蠟燭不再滴蠟。「不滴蠟的蠟燭」可用在生日蛋糕、杯子蛋糕及其他食物上，同時也能避免傷害昂貴的桌布。
2. 燭火可受到較好的保護，免於強風吹熄。這是戶外使用時的一大優勢。
3. 此種蠟燭更經濟實惠。因為不滴蠟，就不會造成浪費。
4. 新蠟燭可帶動美學與設計的可能性。蠟燭通常被視為藝術作品，這個新特點能開啟工藝創作機會。

機會真的是給準備好的人嗎？

在現實生活中，你不需要等偶然事件發生（如同蠟燭工廠的意外），才尋找屬性間的相依性，進而巧遇創新機會。你可以主動運用這項技巧，前瞻性地創造或強化產品。

但是，大多數人並未這麼做。畢竟例行工作如常運行時，你不會有特別的動機檢驗或分析情勢，通常只會在發生意外或不尋常的事件時才會有所行動。事實上，許多人相信「機會」或「機緣」是孕育新想法的沃土。你可能知道不少故事是關於無意中的科學發現，然而問題是，機會是否真的是這些發現的關鍵。法國科學家路易斯・巴斯德（Louis Pasteur）說過一句話：「機會是給準備好的人。」事實上，他所要說的是，「機會只給準備好的人。」兩者相當不一樣。我們在此不提出實際數據，但我們可以保證，有統計數據證實，偶然造成的失敗案例遠多於成功創新。

偶然蘊藏的成敗機會頂多各半。從「模板」的角度來看創新，也就是本書各項技巧的基礎，更能明白這點。沒錯，如同前述的蠟燭案例，我們偶爾能在事件裡找到符合某項創新技巧的良機。但是，你毋須等待稀有的機緣，你可以利用我們的技巧創造機會，讓你免去最終導致一事無成的碰運氣。

我不想成為法院常客

截至目前為止，我們著重在利用屬性相依技巧創新有形的產品，但是屬性相依性也可以應用在無形的服務與流程上，以下以披薩外送服務為例。

一九六〇年，湯瑪士・莫納翰（Thomas Monaghan）在密西根小鎮創辦達美樂時，發明了這項現代的披薩外送業務。一九七三年，達美樂推出一項活動，保證客戶在下單後半個小時之內收到披薩，如果遲了，披薩由達美樂請客。這項活動產生廣大迴響（即使當時沒有推特可以宣傳），其中有些貪圖免費披薩的客戶做出瘋狂舉動。他們會關閉門廊的電燈、阻擋電梯的運作，或任何其他手段，企圖阻擋達美樂的披薩外送人員準時到達。達美樂因這項活動而聲名大噪。

雖然在一九八〇年代中期，保證縮減為折價三美元，這項活動仍然持續了二十年。一九九二年時，印第安那州有名達美樂外送員，據稱因受到三十分鐘送達的時間壓力，過失撞死一名婦女；達美樂與那家人和解，賠償二百八十萬美元。一九九三年，達美樂被迫和解另一起類似的訴訟案，因達美樂外送人員闖紅燈時衝撞一名婦女的汽車，該名婦女因此受傷而提告。自此，在「莽撞駕駛與不負責任的民眾觀感」之下，該公司決定取消所有有關延遲送達的保證。

在這項熱門活動結束後的十年裡，達美樂努力想創造另一波出奇制勝的行銷策略。「我在公司的這九年，我們未曾一刻……不想著再次推出三十分鐘的保證，」達美樂首席執行長大衛・布萊登（David Brandon）表示。二〇〇七年，達美樂嘗試透過「三十分鐘美食快熱送到家」的口號改造舊時活動，然而，最大的不同點是這次不再有任何保證。

最近的研究發現，即使打從柯林頓就任美國總統的第一年起，達美樂就已不再推出這類廣告，但達美樂仍有三成的客戶認定，達美樂是三十分鐘外送的連鎖店。同時，因線上購物與影片送件的選擇愈來愈多元，外送服務在美國文化中的重要性與日俱增，對達美樂而言，深植消費者心中的快速外送首選形象是好事一樁。

至今，達美樂仍沿襲傳統，努力降低完成訂單順利出貨的時間，不過目前的重心是廚房的處理程序。事實上，達美樂特別要求外送人員的行車速度必須低於速限標準。「我不想成為法院常客。」布萊登說。

或許你已看出此處所應用的屬性相依技巧。但我們還是先來檢視，該公司原初三十分鐘保證送到的概念所傳達的價值。如同結果所見，制定外送時間限制是達美樂重要的市場優勢：

1. 免費奉送披薩的承諾，展現達美樂的強烈自信：我們的效率之高，無懼於拿收入當賭注。

2. 保證增添了外送的娛樂性。這是事實，如今你可以發現各種類似的外送承諾，只是以時間做為條件的不多。

3. 將披薩的外送轉化為與時鐘賽跑（而且是一場顧客自然會希望達美樂輸的競賽），讓三十分鐘感覺起來更快流逝，強化達美樂是外送披薩真正最快速的認知。

現在我們做個簡易的消費者行為活動，說明第三項益處。請閉上眼睛一分鐘，假裝你剛剛下了訂單，在接下來的十分鐘，想像廚房正在揉製披薩，然後你想外送人員也需要十分鐘送達披薩。所以二十分鐘之後，你坐在餐桌旁開始盯著時鐘，並且希望披薩不要送到。當你希望某件事愈晚發生愈好時，時間就感覺過得飛快！

達美樂披薩的形象活動與迅速竄紅的成就，反映了屬性相依的強大力量。請想想，在達美樂出現之前，消費者享受免費的熱食外送服務，得到快速外送服務的承諾，透過外送獲得美味的披薩。而在達美樂創造這項活動之前，披薩價格與外送時間沒有關聯，披薩是不二價的。

達美樂則建立了新的相依性，價格成了時間的函數。若在時限內送達披薩，消費者需支付披薩的全額價格，但是若晚於指定時間，披薩完全免費（或折價出售）。在這個典型的屬性相依案例裡，時間與價格是變數，價格依時間而變動（當時間增加，則價格下降）。

你認為故事到此結束嗎？創新總是令人驚奇：在澳洲，必勝客推出新活動，價格不是依外送時間變動，而是披薩的溫度。澳洲必勝客的新標語是：「不用再吃冷披薩了！」在「享熱限時送」活動中，披薩盒上有一個裝置，能顯示送達的披薩溫度是否足夠。

屬性相依性與訂價

在電影「一路玩到掛」（The Bucket List）裡，藍領黑手錢伯斯在醫院認識億萬富翁柯爾，兩人同被診斷是癌症末期，因一起經歷治療上的痛苦而成為朋友。錢伯斯有個美滿的家庭，曾立志當個歷史教授，但是在「身無分文、黑人以及孩子即將出世」的現實下，淪為車廠的修車技工。柯爾則是離過四次婚的企業大亨，最喜歡的咖啡是麝香咖啡，這是世上最為稀有而昂貴的咖啡；他最大的消遣就是折磨他的助理。

一天，柯爾發現了錢伯斯所列死前想要完成的遺願清單，故而催促錢伯斯去完成。同時他也把自己的願望加在清單上，並提供兩人完成夢想所需的資金。兩人展開環遊世界的旅程：高空彈跳、攀登金字塔、飛越北極、在法國金山羊城堡飯店享用晚餐、參觀印度壯麗的泰姬瑪哈陵、騎乘機車上中國的萬里長城，還參加非洲狩獵。

之後，柯爾的病情稍有緩解，但錢伯斯卻逐漸惡化。柯爾到醫院探視錢伯斯最後一面，錢伯斯向柯爾解釋，他所喜愛的麝香咖啡，它的特殊香味其實是叢林貓吃下咖啡豆後排泄出來所產生。兩人大笑，錢伯斯從而將「笑到我哭為止」從遺願單上劃去，並叮囑柯爾獨力完成清單上的事項。錢伯斯接受手術，希望能將腫瘤移除，但是手術失敗，錢伯斯在手術台上過世。喪禮上，柯爾表示他與錢伯斯原本是不相識的陌生人，但是錢伯斯最後三個月的生命，卻讓柯爾擁有一生中最美好的時光。

戲外可能發生這種事嗎？會有人提供足夠的金錢讓你享受人生最後的時光嗎？或許能有足夠的資金改善你的醫療？甚至可能延長你的生命？即使資金不足以讓你完全康復，到至少可讓你在最後的階段減輕痛苦。這是癡人說夢吧？畢竟要遇上像柯爾這等人物的機會微乎其微，但是，如果是保險公司呢？

大多數的壽險保單皆在死後給付死亡保險金，給予家屬財務上的協助。但是，如果保險給付是在被保險人被診斷罹患絕症時給付呢？就保險公司的觀點而言，差異不大，主要差別在於給付時點不同。但是對病患而言，死前給付可能提供各種不同的選項，例如病患可利用該筆資金尋求較優質較昂貴的治療、改善家庭的生活條件，或是展開瘋狂的旅程，完成死前的遺願。

運用屬性相依時，價格永遠是最好用的變數。

舉例而言，某個夏季，舊金山的梅西百貨公司男士服飾部門在「男人狂歡夜」的促銷活動中，舉辦了一個有趣的特賣會，促銷知名品牌的防風兩夾克。夾克的價格取決於某日五點整的室外溫度，梅西百貨利用屬性相依引起不小的轟動。假設夾克標價是一百四十美元，但室外溫度是華氏七十一度（典型的舊金山夏季溫度），夾克就賣七十一美元（對消費者而言，天氣愈冷愈划算，愈熱活動愈沒有吸引力）。

各種屬性都能和不同的價格結構連結。在許多速食連鎖店中，結帳時是按秤重付費，而非依品項單價，實際上這是精簡服務流程與物流，並營造以合理價格為顧客特製餐點的尊榮感受。在遠東地區，部分餐廳依顧客用餐的時間長短收費。你甚至想像得到，餐廳可以利用價格與溫度的相依性，在寒冷天氣裡吸引顧客上門。

環顧市場，你會發現，有許多產品或服務的價格是與本身以外的變數相連結，有些早已被視為理所當然（雖然曾經也是創新的概念）。例如，提供給長期顧客的老顧客特惠價，或是依據客戶推薦親友的人數給予折扣，兩者皆利用營運模式中兩個變數相互連動的屬性相依技巧。

把書本的價格按書本內容與讀者的相關性訂價，是令人玩味的屬性相依應用。假設你對創造深感興趣，經常嘗試創新，或許你應該比基於一般好奇心而閱讀本書的人支付更高的價錢。當然，我們沒有試著說服出版社採用這個想法，我們無法客觀衡量不同買者與本書之間的相關程度。處理價格議題時，企業十分謹慎。公司做出創造性的革新時，經常引發與該公司預期完全相反的回應，價格或價格結構的變動也不例外。

達美航空宣布，凡是非線上購買的機票都要額外加兩美元的費用。達美航空單純只是想向市場傳達一則訊息：非線上購買的機票會增加處理手續，而合理的處理成本（至少對達美而言）是兩美元。但問題是，這項政策激怒了沒有電腦或不擅於使用電腦的人，他們認為這是歧視，並運用任何可用的管道抨擊達美，表達反對加收費用的立場。任何事情一旦牽涉金錢，歧視與公平正義之間的界線便容易模糊。若達美航空採用提供折扣給線上購票的顧客，而不是向非線上購票的客戶收取額外費用，或許更能為大眾所接受。

類似的情節也發生在可口可樂身上。可口可樂曾因為氣溫上升，而計畫提高自動販賣機所販賣罐裝飲料的價格，卻引發廣大的抗議，後來因此打消這項計畫。

相對於傳統的想法，你其實可以自由訂定產品或服務的價格，價格是企業最能掌控的要素，但你必須願意嘗試。變更價格不致於需要重新規劃產品，或變更服務內容，然而你務必分析（有時是相當複雜的分析），確定利用屬性相依改變價格結構有其價值，而且能收到效益。事情涉及訂價時，務必謹慎。

利用屬性相依性戰勝固著

雀巢茶品（Nestea）是雀巢與可口可樂合資成立的世界飲料夥伴（Beverage Partners Worldwide；BPW）所經營的冰茶品牌，另一個大廠聯合利華／百事可樂公司的立頓冰茶是它的競爭對手，兩家公司皆提供各種一般與低糖的茶類產品，包括液狀與粉狀的濃縮飲料、非保久冷飲、以及透過商店小販或自動販賣機銷售的即飲瓶裝飲料。

儘管雀巢茶品投注大量的行銷宣傳，仍然難以在許多已開發市場上從領導品牌立頓手中搶到更多市占率，ＢＰＷ的茶類產品行銷長瑞納・舒密特（Rainer Schmidt）與一群熱情的內部工作小組，想要利用屬性相依技巧讓全球冰茶市場重新洗牌。舒密特向ＳＩＴ講師古祖・夏列夫（Guzu Shalev）與伊瑞茲・札里克（Erez Tsalik）求助。

舒密特想透過創新拓展飲品種類，他已受夠了茶類廠商開發新產品的傳統方法：確認消費市場趨勢，在趨勢中辨識消費者需求，然後創造符合消費者需求的產品。他感覺這個領域深陷固著的囹圄，多年來，創新的步伐微小，該是大刀闊斧改革的時候。

其實，固著性是瞭解某個情境裡屬性相依的線索，因為我們經常認為世界固定不變，很少認為周遭事物是變數，或想像它們之間的相依性。

我們的意思不是指人們相信任何事皆不會改變，相反地，每個人都知道四季變化、瞭解「時間飛逝」、也知道太陽下山時大地會變暗變冷，但我們不會意識到這些變動事物間的相依關係。例如，少有人會憑直覺想到，眼鏡可依光線強弱改變顏色，在夜晚（或室內）變為透明，白天在室外時，鏡片顏色轉深成為太陽眼鏡。

舒密特很快地召集一支跨國的團隊，嘗試創建有關茶飲的創新構想。組員中包含來自德國的資深主管、德國廣告代理商代表、義大利的研發專業人員，以及東歐的代表。該團隊亟欲創新，組員都認為，唯有真正的創新足以讓他們打進固若金湯的市場。

當BPW小組中有人提出以時間（更確切地說，以季節）做為屬性相依分析的潛在變數時，整個教室開始陣陣唧唧喳喳的討論聲。古祖與伊瑞茲面露微笑；長期擔任SIT講師的經驗，讓他們早已習慣這種聲音。「夏天喝冰茶，但是冬天沒人喝冷飲！」一位小組成員說，「各位有何想法？在冬天供應熱茶？」

在各種建議出籠後，小組開始審視這些想法。組員認為，質疑「夏季喝冷飲，冬季喝熱飲」這個既定觀念，是對茶飲市場的刻板印象提出真正的挑戰。他們討論這個概念，認為這個觀念基本上正確，但若能找出冬季賣冰茶的方法，可能帶來可觀的收入，同時搶攻立頓現有的市占率。如果能成功，不但全年都能做生意，甚至連在寒冷國家也有商機。

本案例中的固著點在於把冰茶當成冷飲的代名詞。但是，誰說冰茶只能冰飲？如果BPW開發一種可用微波爐迅速加熱的飲料呢？如果飲料是熱的，但嚐起來比用熱開水沖泡茶包所泡出來的茶更濃郁呢？

雀巢茶品「冬季系列」（winter collection）因此誕生，專為冬季在室溫下、甚至加熱後飲用所設計的冰茶產品。透過創造全新的市場，這項新產品線刺激了傳統冬季萎靡不振的銷售。

此例中的屬性相依用兩項變數：茶的風味以及季節。舉例而言，Nestea Snowy Orange 是冬季新口味，以柳橙、丁香及蜂蜜（以及維他命C）調味，與耶誕季節相當搭配。瓶身的設計在寒冷天氣中散發誘人與溫暖的感覺。推翻了冰茶只在溫暖天氣飲用的固著想法，成果如何？雀巢茶品的營收因此躍增了百分之十。

運用步驟

本書已介紹數個屬性相依如何協助產品或服務創新的範例，接著將討論探索創新可能性時，如何辨識封閉世界內值得研究（或建立）相依的變數。學習如何「掃描」封閉世界內的變數，可讓你快速找出結合後最可能產生創造力的配對，這是個相當費心勞神的過程，以下將透過範例解說。

為了充分發揮屬性相依技巧的效用，請遵照下列六項步驟。請注意，前四項迴異於其他技巧，但最後兩項則不變：

1. 製作變數清單。
2. 將變數填入欄位內。
3. 根據目前市場動向填寫表格。
4. 根據可能的相依性填寫表格。
5. 具體陳述新的相依關係，有哪些潛在的效益、市場、和價值？有誰想要？為什麼他們會覺得有價值？如果是為了解決某個問題，新的相依關係該問題有何助益？
6. 若你認定新產品或服務具有價值，試問：是否可行？是否確實可能設計出這些新產品？是否要執行這些新服務？為什麼或為什麼不？是否可再琢磨或調整該想法，以求實際可行？

實例操作：嬰兒軟膏

接著，我們來實際操作整個程序。我們在此以嬰兒軟膏當做練習，請想像你要如何改造這項似乎不具有任何新意的簡單產品。假設一家專製藥妝產品的大型公司主管決定投資嬰兒軟膏產品，為了打造成功的產品，該公司希望提供消費者一款有別於現有產品、具有獨特效益（優勢）的產品。雖然該公司具有強而有力的品牌形象，但在此市場尚未建立口碑。因此新嬰兒軟膏所提供的效益對消費者必須明確並有意義。

開始之前，先來瞭解產品與市場。嬰兒的肌膚稚嫩，腹股溝因長時間接觸髒污的尿布，而易生紅疹；嬰兒軟膏的作用在於舒緩紅疹造成的不適，修復肌膚，並預防紅疹復發。本例中的軟膏成分包含油脂物質、滋潤肌膚的保濕成分，以及修復發炎部位的活性成分。

此類產品自一九〇〇年代初期發明以來，不曾出現大幅變更，幾個品牌透過強調產品的黏稠度（濃度）、活性成分與保濕成分含量，與其他產品區隔。

接下來依序進行各項步驟。

步驟1：製作變數清單

第一步是列出清單。切記，所有系統化創新思考技巧都從列單開始。這次不是列出特定產品或服務在封閉世界內的要素（在其他技巧中已練習過），而是辨認變數（可變動的項目）。

從消費者的觀點來看，嬰兒軟膏本身的變數包括軟膏的黏稠度、香氣、油脂含量、顏色，以及活性物質含量。接著，思考嬰兒本身封閉世界內的變數：與軟膏直接相關的變數。例如特定時候排泄物的量、排泄物的酸度、嬰兒肌膚的敏感性、嬰兒的年齡、嬰兒食用的食品類型以及使用時刻。

步驟2：將變數填入欄位內。

接下來建立一張表格。為簡化說明，嬰兒軟膏表上的直欄僅列出產品變數：即嬰兒軟膏產品本身的變數，我們稱之為「相依變數」，因為這些變數因其他變數的

表6.1

	黏稠度（A）	香氣（B）	活性物質含量（C）	顏色（D）	油脂含量（E）
1. 特定時候排泄物的量					
2. 排泄物的酸度					
3. 肌膚敏感性					
4. 年齡					
5. 食物類型					
6. 使用時刻					

變動而變動。另外，在橫列中列出封閉範圍內的變數，此稱為「獨立變數」，因為這些變數不會隨其他變數的變動而改變。參見表6.1。

步驟3：記錄目前市場動向

現在填寫表格。對於你認為市面上產品中，兩變數之間不存在相依關係者，在適當的空格內填上0。例如，本例中沒有產品具備軟膏顏色與排泄物量之間的相依性（要件D1），因此D1註記為0。填表範例請參見表6.2。

請注意，表6.2中每格皆為0，代表目前任兩變數間未存在任何關係。我們稱此表為預測表，因為它呈現許多有關產品、

表6.2

	黏稠度（A）	香氣（B）	活性物質含量（C）	顏色（D）	油脂含量（E）
1. 特定時候排泄物的量	0	0	0	0	0
2. 排泄物的酸度	0	0	0	0	0
3. 肌膚敏感性	0	0	0	0	0
4. 年齡	0	0	0	0	0
5. 食物類型	0	0	0	0	0
6. 使用時刻	0	0	0	0	0

產品所屬類型以及市場概況等資訊，當表格內的值皆為0，表示市場上沒有出現太多的創新。

步驟4：評估可能的相依性

1. 對每項標示為0的組合建立新的相依關係：意即如何讓兩項獨立變數成為相互依存的變數？
2. 快速評估實況：在現實世界裡，這種相依關係是否確實可能存在？
3. 若是，將方格內的0改為1，代表潛在的創新，如表6.3所示。

表6.3

	黏稠度（A）	香氣（B）	活性物質含量（C）	顏色（D）	油脂含量（E）
1. 特定時候排泄物的量	0	1	1	0	0
2. 排泄物的酸度	0	0	1	0	0
3. 肌膚敏感性	0	0	1	0	0
4. 年齡	0	0	1	0	0
5. 食物類型	0	0	1	0	0
6. 使用時刻	1	0	1	0	0

步驟5：探討相依性的潛在效益

以下我們挑選表6.3中的幾項做為示範。以方格B1為例，思考一下香氣與排泄物的量之間的相依關係。市面上的產品中，軟膏的香氣不因嬰兒排泄物的量而有所改變。現在我們想像新的相依關係，當尿布乾淨未濕時，軟膏沒有氣味，但只要出現排泄物，即散發（愉悅的）香味。

有用嗎？這種相依關係對父母或嬰兒有何幫助？你可能會想起一項產品，尿布的顏色在嬰兒尿濕時變色，不過這個產品並不成功。只要仔細評估一般使用情況，就會瞭解失敗的原因。尿布被層層衣服覆蓋時，其實看不到尿布變色。但是，我們新產品概念（有香氣的嬰兒軟膏），則可立即引起注意。父母會喜愛這個功能，因為可免去脫下嬰兒褲子檢查尿布的麻煩。嬰兒也會喜歡，因為他們不需忍受長時間的不適，等待父母或保姆發現需要更換尿布。

步驟6：是否可行？

當你確認步驟5推論的潛在效益，接著要問這個概念是否可行，是否真能做出這種概念的產品？或許我們能設法將含有香氣物質的微小膠囊加入軟膏中，當膠囊接觸到糞便等酸性物質時，即散發香氣。然而，若實現這個產品概念需要過多的研發投資，或會增加軟膏中有毒物質的風險，你最好立刻放棄此想法。

抓到訣竅了嗎？

我們再嘗試另一項組合。從表6.3的方格A6中，想像使用時刻與濃稠度之間的相依性。傳統的嬰兒軟膏產品，濃稠度與時間不相關，也就是白天與黑夜的濃稠度不變。現在假想新的相依性，軟膏在一日當中某些時段的濃度變高，而其他時間則較稀。

這樣的產品有何好處？父母何以希望在某個時間使用較稠的軟膏，而其他時間使用較稀的軟膏？

透過市場調查可能發現，消費者喜歡在夜間更換尿布頻率較低的時候，使用較濃稠的軟膏。軟膏用以隔離排泄物與嬰兒敏感肌膚之間的接觸。在日間，尿布更換的次數較頻繁，若軟膏較淡較稀，可讓嬰兒的肌膚「呼吸」。

當父母必須在這種隨適軟膏與固定濃度軟膏間做選擇時，可能會聯想到其他隨時而變的習慣：例如日間與夜間的止痛藥、以及日用與夜用尿布。因此，父母可能更能接受新產品的概念。

現在我們看到了潛在的效益，同樣要問，這種產品是否可能製造。乍看之下，開發過程似乎過於複雜且高成本，所以我們的第一個反應可能是放棄開發這種改變濃度的藥膏。

然而，這種產品既然有這麼多好處，還是再想想其他可行方法。或許我們可以加入顧客掌控程度的相依性，也許我們可以銷售內含兩種軟膏的組合，一種較濃稠，另一種較稀，以供父母在適合的時間使用。如此，我們便能以更簡易且更符合成本效益的方法，利用屬性相依技巧，創造創新的新產品。

探討可能性

一旦建立了預測表，就能搜尋更多創新概念。舉例而言，查看表中直欄C的所有可能性。目前該產品中活性成分的含量與所有軟膏相同。試想能否提供一系列活性成分含量不同的軟膏。新軟膏可依嬰兒年齡、食品類型以及肌膚敏感度而變化。透過創新，過去曾是「了無新意」的產品，立刻蘊涵蓬勃成長的潛力。

我們也可以進一步思考活性成分含量與嬰兒食品（C5）間的相依性。新生兒通常從喝母乳開始，然後嘗試其他牛奶、牛奶替代品或綜合配方奶，最後食用市售現成嬰兒食品，或是自製的蔬菜泥或濃湯。各種飲食階段所產生排泄物的酸鹼度不同，對肌膚的刺激性也各異，嬰兒軟膏也可以據此變化。就這樣，我們依據與嬰兒相關的變數（在封閉世界裡），在剎那間創造了令人驚豔的新嬰兒軟膏系列。

管理屬性相依程序

我們已說明過預測表內所有要件皆為0的嬰兒軟膏市場。接著有愈來愈多的創新發明與時俱進，表內就會出現愈來愈多數字1。據以，我們可以界定出兩極端情況：退化表（degenerated table）與飽和表（saturated table）。

退化表係指全部或大部分要件皆為0，如表6.4所示。退化表代表你擁有許多提供新產品並嘉惠消費者的可能性。但別忘了，即使你確實辨識潛在具有效益的相依性，仍須檢驗可行性以及市場的條件。你的公司是否準備好推出新產品？應該進入這個市場嗎？是否需暫緩？若是，應該等待多久？

飽和表意指表中大多數方格皆為數字1，許多變數都已具有相依關係（參見表6.5）。

飽和表代表你的公司可能已錯過在此市場上開發創新產品的機會，成功推出新產品的機率極低。然而，放棄這個市場之前，應嘗試下列兩項做法：

1. 分析另一項產品。許多情況中，會有其他可自屬性相依分析脫穎而出的產品。
2. 利用其他四種技巧。當屬性相依分析未顯現任

表6.4

	A	B	C	D
1	0	0	0	0
2	0	0	0	0
3	0	0	0	0
4	0	0	0	0

何創新的機會，不代表其他技巧就沒機會。

常見陷阱

如同運用本書所述的其他技巧一樣，你必須正確地運用屬性相依技巧，才能達到效果。以下說明如何避免部分常見的錯誤：

切勿將組件與變數相混淆

不同於本書前述的四項技巧，屬性相依使用的是變數而非組件，這是學員學習本技巧時最常犯的錯誤。記住，變數（也稱「屬性」）是產品會變動的條件，以嬰兒軟膏為例，軟膏是組件，而軟膏的濃稠度才是產品的屬性。

表6.5

	A	B	C	D
1	1	1	1	1
2	1	1	1	1
3	1	1	1	1
4	1	1	1	1

花時間做好分析表

這需要投入許多心力，但是，用心建立的分析表可幫助你更有效掌握這項高難度的技巧。我們的學員有時喜歡走捷徑，省略製作分析表的步驟。建議你別這麼做，就長遠的角度而言，製作表格反而可以節省時間，並且有助於確保你不錯失令人驚豔的創新。

一旦選定某個變數組合，請嘗試各種相依類型

兩項變數可能有各種不同的相互關係。例如正相依，某變數增加，另一變數也增加。反過來思考，負相依關係則是一變數增加，另一變數卻隨之減少。全視線太陽眼鏡把這項法則發揮得淋漓盡致，當室外光線增強，鏡片的透明度隨之下降（顏色變暗）。

僅對你所能掌控的變數建立相依性

你可以對產品或服務的兩項「內部」變數建立獨特的相依性，因為這兩項變數都是你可以掌控的。你也可以用一個內部變數和一個外部變數（一項在你

掌控之外的變數）建構巧妙的相依關係。但是，你無法用兩項外部變數建立相依關係，因為兩個變數都不是你能掌控。舉個例子，如果你能成功地建立一天內天氣與時間的相依關係，你必然會因此聲名大噪。

結語

雖然屬性相依比起本書所討論的其他技巧更為複雜，但是它可以開啟各種不易察覺的創新可能性。這項技巧可能需要更多練習，但是從長遠來看，你會慶幸自己練就了這項創造力工具。

第七章／矛盾是創意之路

在形式邏輯上，矛盾象徵失敗；
但是在真知的演進裡，矛盾是邁向勝利的第一步。
——懷德海（Alfred North Whitehead）

有些人認為西班牙內戰是一場浪漫的戰役，許多懷抱理想的男女捨身追求他們心目中的社會福祉。然而，如同特洛伊王子赫克托所言：「死亡沒有一點詩意可言。」短短不到三年的時間（一九三六年七月十七日至一九三九年四月一日），估計喪生人數達五十萬人，除實際戰亡以外，另有數以萬計的市民因政治或宗教理念而遭殺害。甚至在戰爭結束後，勝利的法西斯份子還繼續迫害戰敗共和政權的支持者，死亡人數因此持續增加。

這場血腥的戰役常被稱為「第一場媒體戰爭」，因為許多作家與記者，其中不少是外國人，親眼目睹並記錄這場戰役，有些人甚至積極參與反法西斯軍隊，知名人士包括海明威（Ernest Hemingway）、喬治・貝爾納諾斯（Georges Bernanos）、喬治・歐威爾（George Orwell）、亞瑟・克斯勒（Arthur Koestler）等。也因此，我們對這場戰役的瞭解比以往的戰爭更多更詳細。特別是它向我們展現，人類面對看似無解的困境時，是何等的足智多謀。

這場戰役中曾有一段時間，法西斯份子控制了西班牙南方，將共和黨份子驅趕至歐維達城鎮外的山丘上。這一群兩千人的共和黨份子包含一般平民以及由岡薩雷茲（Santiago Cortes Gonzalez）上尉指揮的民警隊，撤退至卡貝薩聖馬利亞（Santa Maria de la Cabeza）的修道院，該修道院位在山丘上，可俯瞰哥多華附近的安都哈爾小鎮。

指揮法西斯份子的是個「冷酷殘暴」的軍官，因殺人不眨眼的冷血行徑惡名昭彰。在敵軍的包圍下，岡薩雷茲深知不能投降。他加強修道院的防禦工事，命人員進駐，準備奮戰至死。這支共和黨軍隊忍受長達數月圍城的猛烈攻擊。起初還有空投食物、彈藥以及藥品，但這些維生補給因降落傘短缺而很快面臨斷援危機。試想：腹背受敵，進退維谷，空投是唯一補給必需品的方法，但降落傘短缺，你怎麼辦？

文獻上沒有記載是誰想到這個妙招，但確實有段時間，駕駛補給飛機的飛官是將補給品綁在活的火雞身上，你沒看錯：正是火雞。這些禽鳥在下墜時拍動翅膀，減緩了下墜的速度並確保補給品（連同新鮮的火雞肉），安全送達到受困人員手中。

這段歷史最後有個完美的結局，瓦耶霍（Carlos Garcia Vallejo）上校募集了一支兩萬人的共和黨軍隊，前進安都哈爾小鎮，成功地瓦解法西斯份子，終止這場圍城之役。雖然岡薩雷茲在交戰中傷亡，但如今他已成為西班牙最著名的英雄之一。

戰爭故事是祖先的愚蠢行徑留給後代的悲哀遺產，但同時也是豐富的史料，讓我們瞭解人類的智謀，特別是在高壓與受限環境下的應變能力。我們分析這些創造性想法架構的同時，仍然衷心祈望，戰爭永遠只存在於歷史。就前述例子而言，該解決方法來自封閉世界內部，巧妙且出奇制勝地運用了任務統合技巧。火雞的主要任務是為人食用，但另一項任務是振翅攜帶藥品與補給品，安全降落。

截然相反的特性或概念併存，這種特殊情況即稱為矛盾。當我們指某事（或某人）不一致時，通常是指其中存在著矛盾。在西班牙內戰的個案中，矛盾來自要空投更多補給品（軍隊所需），但卻必須少用降落傘（因為短缺）。

面對矛盾時，我們的典型反應通常是困惑或沮喪，我們感到不知所措、焦慮，甚至無能為力，因為矛盾是個無解的死胡同。正因為矛盾引發的反應如此強烈，我們會亟力避免矛盾，想消除生活中的矛盾。畢竟矛盾是刺眼的訊號，代表事情大大不妙。

矛盾的是，封閉世界的矛盾現象確實值得振奮，因為它能激發巨大的創造力：矛盾是幸，是通往創意的途徑。

本章的一個目的是協助你在面對矛盾時轉憂為喜，你會學習到如何辨認矛盾，同時體會為什麼發現矛盾時永遠應該覺得幸運。接下來，你會看到，每個矛盾背後都是無人行經的蔓野荒徑，帶領你直通未曾有人想過的選擇與機會。

關聯、隱含假設以及「薄弱連結」

一開始，我們要揭發一個大祕密：大多數的矛盾都是假的，這些矛盾在我們心中，但都不是真的，它們來自固著思維。我們根據通則做的假設，在許多情況下與等待處理的情況並不相關，許多矛盾實際上只是觀點問題。不管矛盾是來自他人的明確表示，或是一般大眾的默認，如果你認為矛盾確有其事，就等於限制自己創造性思考的能力。

首先，我們先來瞭解「真矛盾」與「偽矛盾」的差異。

在古典邏輯裡，矛盾係指兩個以上的論點之間存在邏輯上的非兼容性。把這些論點放在一起，出現兩項邏輯上相反的結論時，矛盾由此產生。

亞里斯多德的「不矛盾律」（law of noncontradiction）指出：「一個人不能就同一角度同時肯定又否定同一件事。」圖7.1所顯示的兩個按鈕即違反此定律。

這個例子屬於真矛盾，你無法破解這個矛盾迴圈，這兩個陳述無法同時存在。這個特殊矛盾所隱含的意義留給哲學家爭論，我們繼續討論其他例子。

現在探討何謂偽矛盾。想像你在開車，道路上出現如圖7.2的標示。

你會遵照哪個指示？你怎麼決定？乍看之下，這張圖與上一張圖一樣，深色鈕的敘述不可能同時既真又

圖7.1

假，顯然你也不可能同時駛進又避開此路。

但如果說，這兩個路標代表兩個不同時段的指示呢？此路夜間禁止通行，但白天可以通行，而且是單向道？這樣一來，要遵行這兩項指示完全沒有問題，這兩個並列的標誌不再有矛盾。

為什麼一開始看到標誌時，你會猶豫？因為你默認兩個標誌適用同一時段，移除這個隱含假設，矛盾隨之消失。事實上，大多數偽矛盾都是來自類似的錯誤假設。

因此，這裡有個重要課題：當你沒有看到隱藏的資訊，或是抱持並非事實的隱含假設時，就會出現偽矛盾。我們抱持的假設在多數情況下符合邏輯，但不見得適用套用於眼前的問題。

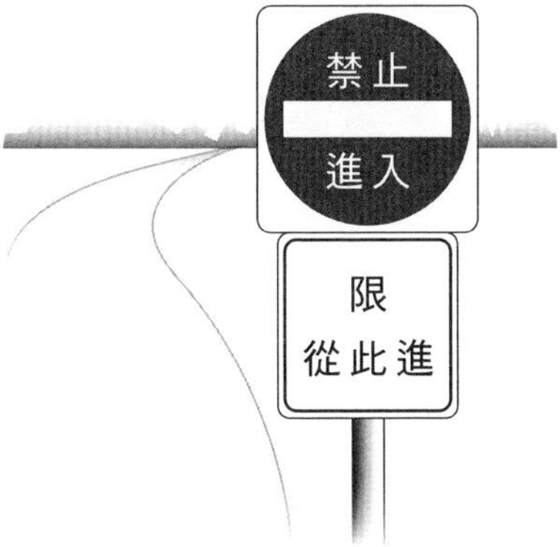

圖7.2

區分真矛盾與偽矛盾

真實矛盾當然存在，最早也最有名的矛盾之一是埃庇米尼得斯悖論（Epimenides Paradox），因克里特島著名哲學家埃庇米尼得斯而得名。他曾寫道：「所有的克里特島人都是騙子。」

接著署名「克里特島的埃庇米尼得斯」。

由於他的署名，這句陳述因而具備自我指涉悖論（self-referential paradox）的兩個條件。埃庇米尼得斯所言是事實嗎？如果他知道至少有一名克里特島人不說謊，這句話就是假的。即使他承認自己是騙子，當他說所有克里特島人都是騙子時，他說的也不是實話。好一個矛盾！

埃庇米尼得斯悖論是一個自我指涉邏輯悖論，可藉由分析「所有」以及「騙子」等字詞定義的假設進行解析。

舉例而言，雖然「所有克里特島人」可能都是「騙子」，但你可以輕易證明。這種表述實際上不一定代表所有克里特島人一直都在說謊。即使是超級大騙子必然也有說實話的時候。因此，你可以證明，就現實意義而言，這屬於偽矛盾。若說所有騙子說的每一句話都是謊言，這是個過於單純化的概念。

哲學家必定渴望與我們辯論，真實的矛盾可能是一種真正的美，為此醉心的人樂此不疲。因此，我們保留這份矛盾之美，不以枝微節的語義學破壞這份美（與智慧）。然而，矛盾在抽象世界裡或許無傷大雅，但在現實生活中卻可能具殺傷力，而且經常發生，尤其是以錯誤假設為立論基礎時。

辨識矛盾中的「關聯性」

瞭解真偽矛盾之間的差異對創造力有何助益？有時表面上的矛盾是基於錯誤假設而生，以下列舉幾個偽矛盾的情況。

- 我想加薪，但我的公司需縮減預算。
- 我需要更多時間完成設計專案，但我的截稿時間沒有彈性。
- 天線桿必須夠堅固，足以在惡劣天候中承載天線，但同時必須夠輕巧，可步行攜帶至遠地。

● 我需要更強的（電腦）中央處理器，但是因預算限制，我必須刪減處理器的採購。

● 我們需要空投更多補給品，但是我們已經沒有降落傘。

你知道最後一項是岡薩雷茲在西班牙南部遭遇的問題。現在我們要討論其他的矛盾。

首先，矛盾有三項要件：兩個論點，與連繫兩個論點的橋樑（薄弱連結）。

請注意，這兩個論點最常發生的形式是（一）對某益處或優勢的需求；以及（二）取得益處或優勢的代價（再請注意，此處所指的益處與代價不一定具有貨幣上的價值，事實上，大多數的矛盾和金錢無關）。

請再次檢視以上的論述，但這次我們以【】圈出論點，並粗黑體標示連結兩者的橋樑（也就是微弱連結）。

● 我想【加薪】（需求），但**我的**公司【需縮減預算】（代價）。

- 我【需要更多時間】（需求）完成設計專案，但**我的**截稿時間【沒有彈性】（代價）。
- 天線桿【必須夠堅固】（需求），足以在惡劣天候中承載天線，但**同時**【必須夠輕巧】（代價），可步行攜帶至遠地。
- 我【需要更強大的（電腦）中央處理器】（需求），但是因預算限制，我【必須刪減】（代價）**我的**處理器採購。
- 我們【需要空投更多補給品】（需求），但是**我們**已經【沒有降落傘】（代價）。

請注意在每個例子中，若刪去連結字句，矛盾就不復存在。這些陳述將成為兩句不相關的話，分別屬實，但不會引起任何人不悅。

隱含假設的危險性

如同前文所述，我們所假設的關聯性，事實上經常並不存在。可惜，人類經常快速做假設，最危險的假設是隱含假設，即無意識下的假設。

外顯的假設還容易處理，我們可以公開討論、分析、審慎思考。面對商業或工程設計的決策時，我們甚至會做記錄，並與組員分享。然而，隱含假設不在意識範圍內，我們鮮少進行檢驗，以下舉例說明。

邏輯研討會中，眾所熟知的一項活動是角色扮演。有一顆柳橙被拋向空中，兩名自願者必須試著接住。其中一名自願者私下被告知，那顆柳橙榨出的果汁可以治療他垂死的兒子；另一名自願者則私下被告知，那顆柳橙削下外皮製造的果醬可以拯救他垂死的配偶。兩名自願者互不知道對方被告知的內容。

柳橙拋向空中，其中一名自願者接到後，研討會其他人觀察兩人之間持續不懈的（有時甚至是凶殘的）談判過程。沒有人知曉當事人所知的內容，而每個人對眼前的情況都有隱含的假設。

兩名自願者都需要那顆柳橙，但兩人都假設對方需要整顆柳橙。要等到兩位自願者發現他們可以各取所需，達成雙贏之前，通常需耗費不少時間。

為什麼會有隱含假設？因為雙方沒有開誠布公。外顯假設需要接受檢驗，我們會思考並向同儕諮詢，因此在大多數涉及外顯假設的情況裡，我們不太會犯錯。

兩個相反論點的連結大多建立在隱含假設上，假設的正確性影響矛盾關係是否成立。多數隱含假設並未接受檢驗，因此大多數是錯的。這正是矛盾中何以連結橋樑是薄弱連結的原因。打破薄弱連結，便消除了矛盾。

破除「薄弱連結」，解決方案無需妥協

你已學到數種可打破封閉世界內微弱連結的好方法：屬性相依、分割法以及任務統合是最有效的三項方法。例如，你可能注意到在柳橙活動中，分割法是直接打破連結、解決問題的方法。但首先需辨別偽連結背後的隱含假設是什麼，接著才能區分真矛盾與偽矛盾，進而產生真正創造性的解決方法。

要達到此目標，關鍵的不變法則是：妥協永遠不是解決方法。當你發現一個中間地帶，可以利用矛盾關係的其中一邊（不需支付過多代價），以平衡另外一邊（盡可能獲取益處）時，你會尋求妥協。妥協可能是不錯的解決方法，但是沒有創造力，也不是本書的重點。

假設有工程師希望設計一款強而有力、兼具能源效益（兩項對立的需求）的工具，妥協是一種解決方法。但是，如何妥協取決於工程師的看法：他偏好較高的效能或是較長的永續性？他做出決定，並設計一款比先前模型更有力、但較耗能的工具。他妥協了。

妥協不是創造力。擔任蘇聯專利審查員的化學工程師阿奇舒勒以創造力檢驗這些妥協問題。部分文獻估計，他研究超過二十萬件專利，發現大多數專利僅是現有產品或系統的提升，極少數是真正面面具到的創造性解決方法。

的確，在許多案例中，精心權衡後的妥協可能是唯一可行的方法，但真正的創造性解決方法則是完全消除矛盾。

以下利用三個範例說明，無論創造性想法多麼令人難以捉摸，都有方法可以破解創意密碼，只要利用封閉世界內的技巧就可以解決偽矛盾。

尋找外星人

「尋找外星人計畫」（Search for Extraterrestrial Intelligence，SETI）是由科

學組織所贊助專案與活動的總括術語，這些組織中最著名的包括加州山景城的ＳＥＴＩ研究院（SETI Institute）、與加州大學柏克萊分校的柏克萊ＳＥＴＩ計畫。一如其名，這些機構或計畫致力於尋找宇宙中存在於地球以外的智能生命。許多ＳＥＴＩ計畫採用「無線電波ＳＥＴＩ」（radio SETI），或利用電波望遠鏡聆聽太空中的窄頻電波訊號，此兩種方法都比其他不定期發射太空梭等尋找智能跡象的方法更有效率，且更符合成本效益。由於這些訊號並非自然發生，無線電波ＳＥＴＩ研究人員因此相信，如能證實這些雷達訊號的存在，就可做為外星科技的證據。

現代無線電波ＳＥＴＩ計畫需要龐大規模的運算能力，以持續拓展搜尋頻率，也需要更大的運算容量，數位化分析蒐集到的所有資料。傳統上，執行無線電波ＳＥＴＩ計畫的科學家使用的是特殊用途的超級電腦，電腦依附在望遠鏡上，執行大量資料分析。然而，這種方法成本高昂，可分析的資料量也有限。儘管有政府與民間資金贊助，大多數ＳＥＴＩ組織都無法籌措足夠的資金，執行無線電波ＳＥＴＩ計畫。一九九五年，在柏克萊ＳＥＴＩ計畫工作的年輕電腦科學家大衛・傑岱（David Gedye）突然想到一個奇招。

傑岱在其獨特封閉世界內所面臨的矛盾，類似前文所舉的一個例子：他需要更多電腦處理資料，但是預算非常有限。

當工程人員得知資料運算的數量增加為兩倍、甚至三倍（沒有人能預估會增加多少），但沒有資金添購任何機器時，可以想見他們受挫的表情，但是他們還是必須迅速解決問題。

傑岱的解決方法是利用當時所有電腦科學家（除了極少數門外漢以外）皆知的事實：我們大多數人僅使用家庭個人電腦總運算能力與容量的一小部分。

一九九五年電腦科學家利用名為「公眾運算」的全新概念，將運算任務切割為極小部分，並將這些切割後的任務寄送給自願「捐出」未使用電腦容量供特定任務運用的個人。當你啜飲一杯茶或烹飪的同時，你的電腦可能正在搜尋外星人，或計算二〇五〇年印度大陸的氣溫。傑岱稱這個構想為SETI@Home。

自一九九九年SETI@Home實際上線以來，世界各地數百萬人欣然為此計畫提供多餘的個人電腦能力與容量（而其中許多容量來自這些人的雇主，雇主如果發現企業網路上出現SETI程式碼，占用資料中心的運算能力，通常不會太高興）。多虧這來自兩百二十五個國家超過五百萬人（仍持續增加）所建構史無前例的網絡，SETI@Home得以分析電波望遠鏡搜尋外太空訊號時蒐集到的所有資料。如今，SETI@Home網路無疑是世界上最大的超級電腦。

參加SETI@Home網路的成員總計已貢獻超過兩百萬年的計算時間，它的留言板成為人們社交（不少人透過SETI@Home認識、結婚）以及追蹤個人電腦完成多少工作的線上社群。

將此故事套用至偽矛盾的討論，可以看見兩項相反的論點：（一）對CPU的需求；以及（二）預算有限，無法提供足夠的CPU容量，而這個偽矛盾的連結橋樑是額外的CPU必須由SETI的預算支應，這個假設最後證明並不成立。一旦打破薄弱連結，解決方案即可能出現。

神奇的亞歷山大燈塔

亞歷山大燈塔建於西元前二八六年至二四六年之間，之後因地震而毀壞，被列為世界七大奇景之一。將近四五〇英尺高的燈塔建築係經過多年規畫，需要當時最先進的工程設計才能完成。這座燈塔除了指引水手在暴風雨的暗夜裡返回港口，也象徵著對埃及亞歷山大市及其當權者的推崇與讚揚。

但是，這項計畫也有挑戰，雖然傑出的希臘建築師索斯特拉特（Sostratus of Knidos）負責設計燈塔，但是此計畫的贊助者托勒密二世也想名留青史。

索斯特拉特聞名於全世界，他非常重視托勒密所提供的資金與願景，但是他最大的期望是確保後代凝視這座燈塔時，可以肯定他的才華。當索斯特拉特向托勒密王要求，將自己的姓名刻在建物基座上時，卻遭到羞辱。在今天，你可以雇用一群律師解決這樣的問題：律師團會經歷數週或數月激烈的談判，最後得出沒有一個人會完全滿意的折衷辦法。但是，在托勒密的時代，國王對於下屬瑣碎、自我的請求根本不放在眼裡，索斯特拉特對此也心知肚明（幾世紀後發生一件事，證明索斯特拉特確實深謀遠慮：沙迦罕王命令僕人殺了泰姬瑪哈陵的建築師，並將所有參與興建此宏偉建築的人員的手砍下，防止任何人複製此傑作）。索斯特拉特深知，對於建造這座燈塔，任何邀功留名之舉，都可能會惹上殺身之禍。

索斯特拉特面臨何種矛盾？記住，矛盾是兩個相互衝突的需求同時存在、相互連結的狀態。其中一項需求通常代表一種益處，而另一項則是代價。

同時切記，一如本例，所謂的益處和代價，本質上通常不是以金錢計價。

當然，索斯特拉特可以妥協，雖然本書已排除這個選項。在SETI@Home的個案中，柏克萊SETI計畫的科學家可以在財務部門允許的限度下，盡可能購買CPU數量，雖然不足以維持SETI@Home暢行無阻，總比停留在原地不動來得好（但是最後，創造性解決方法得到超乎預期的結果）。

但是，索斯特拉特能夠妥協的空間有限，他有兩項衝突的欲望：他想要在燈塔計畫上留名，又想要活命。如果他要留名，可能活不了命；如果他放棄亞歷山大燈塔首席設計師的聲名，就可以留住一條命（或至少喪命風險較低），但燈塔上就不會有他的名字流傳千秋。

最後，索斯特拉特想出一條妙計，任一方無需妥協，且同時滿足雙方的欲望，你猜得到他怎麼做嗎？

首先，試著從索斯特拉特所面臨的矛盾中找出微弱連結：「我希望後世能讚揚我設計燈塔的才華，但同時我也想繼續活下去。」

同樣地，薄弱連結是聯繫兩項矛盾表述之間的語詞。檢查此句敘述，何時為索斯特拉特命喪托勒密王之手風險最高的時刻？當然是當他活著的時候。

如果他死了，即不再有任何危險。他何時最需要榮耀與名聲？既然他已是當代最著名的建築師，他最希望的是榮耀和名聲在他死後流傳，讓後人知道他。

這時，我們已打破矛盾裡的薄弱連結。顯然，索斯特拉特只需在死後得到設計燈塔的榮耀。

你看出我們利用的是哪一項創新技巧了嗎？屬性相依。事實上，屬性相依可以打破大多數偽矛盾間的連結。在這個案例中，我們建立了索斯特拉特名聲與時間的相依性，隨時間經過，名聲增加。

如果你是索斯特拉特，你會怎麼做？別忘了，你只能利用封閉世界內的要件，尋求創意解決方法。

索斯特拉特以大型字母將自己的名字刻在燈塔前方的石塊上，並附加一段文字，祝福所有閱讀而理解銘文的人。然後，他在石塊（及刻字）上被覆石膏，在石膏上刻鐫托勒密二世的名字，還有歌頌國王睿智與成就的銘文。等到國王與建築師都過逝後，索斯特拉特的祕密計畫將要完美實現。石膏在經年累月的烈日曝曬、海風吹蝕下，托勒密的名字隨之逐漸消失，索斯特拉特的銘文因而浮現。因此，往後長達近兩千年，索斯特拉特成功地獲得世界奇景設計師的美名，也沒有在生前惹上殺身之禍。

傳說，托勒密的後代繼承人對於索斯特拉特的謀略大為讚賞，而沒有鑿去他的名字，也沒有重新覆上歌頌先祖榮耀的石膏。

雪中的天線

你曾有無法履行承諾的窘境嗎？如果有，請看本例中一家主要國防承包商所犯的矛盾，或許也能助你化解這種窘境。

這是一家專門設計、製造軍用雷達傳輸與接收器的公司。幾年前，該公司參與了某大型政府機關的招標案。因為該政府機關相當敏感，我們在此不提及任何名稱，但以下所述內容皆屬實，甚至有公開紀錄。

根據招標說明書，承包商需針對冬季氣溫達華氏零下十度並伴隨強風的地點，設計、生產專門接收訊號的天線。軍方客戶要求天線需裝設在地面上三十二英呎高的地方，天線桿必須夠強韌，以防天線在強風中過度搖晃。

儘管該雷達製造商以高價投標，最後還是挾極輕量天線桿的優勢而出線。

原來，天線桿的重量是軍方客戶的重要考量，因為他們必須在嚴酷天候中，三人為一組，徒步將天線桿運送至各個戰略地點。三人小組負責安裝天線桿，將天線架設在天線桿頂端，任務完成後返回基地。因此，天線桿必須輕盈，便於運送，但又必須強韌耐用，以支撐現場無人看管與維修的天線。

諷刺的是，這家得標的公司位在溫帶國家，連小雪都難得一見。該公司的工程人員可能忘記考量安裝目的地的一般情況：極低溫之下，積壓在天線上的冰雪可能超出天線桿的負荷，導致其彎曲變形而倒塌。以架設地點的天候條件，該公司設計的天線桿因此顯得不堪一擊。

結標之後，工程人員才發現設計上的錯誤，同時明瞭他們面臨一大難題，他們承諾交付一組在設計規格上存在嚴重矛盾的設備。

我們可以描述這個矛盾如下：天線桿必須夠堅固，足以在惡劣天候中乘載天線，但同時又必須夠輕巧，可步行攜帶至遠地。

工程人員利用傳統設計方法計算，天線桿的重量必須增加一倍，方足以乘載天線的重量。但如果天線桿的重量倍增，對三人小組而言將過重而難以攜帶。工程人員別無他法，只能重頭開始。他們能夠成功解決矛盾嗎？這些工程人員未向公司主管呈報，承受極大的壓力。

在繼續往下閱讀之前，請先寫下一兩個你能想到的解決辦法。

接著，檢視下列各項想法，我們預測你的想法有七〇%的機率在我們的清單內。我們怎麼知道？因為我們已在系統性創新課程中蒐集了數千名工程師與主管的構想，這些是最常出現的想法。

我們將最常見的解決方案歸為五大類。雖然你想到的特殊方法可能與我們所描述的不同，但在基本概念上可能類似於下列類別之一。

融化積雪

本案例有超過八成的學員建議這項解決方法，你可能是其中一位。融化積雪也有直接且合理的方法。不難聯想，雷達設備就像廚房微波爐，我們可以利用天線波加熱並融化冰雪。這是個很好的想法，在大多數情況下也確實如此。但是，就本案而言，這個方法無效，因為我們的天線是被動的接收器，無法產生融化冰雪所需的熱能。

利用震動抖落積雪

這也是大多數人會想到的方法。搖晃與震動可以有效抖落冰雪，來自雷達的能源可以抖落天線的積雪。然而，如同第一個解決方法，雖然這是個不錯的想法，卻因為天線無法產生能量而無用武之地。

若是利用風力去除天線桿的積雪呢？這是上述震動想法相當有意思的引申，特別是因為利用到現場可用的資源。然而，風無法總是順著我們的意。此外，要實踐這個想法，需要複雜又笨重的震動設備，可能比一開始設計的天線桿更重。

預防天線積雪

有些人從不同的角度切入問題。相對於移除積雪，有人會建議預防積雪。換句話說，防範於未然，防止問題形成。這個邏輯很好，也不至於難以執行。鐵氟龍等光滑塗層，可防止冰雪黏在天線表面。但這只適用於氣溫不低於華氏零下十三度的環境。溫度如果更低，目前尚沒有任何材質可以防止積雪。此外，有些人可能會想到在天線上塗抹油脂，防止冰雪黏附。但很遺憾地，在如此的低溫之下，油脂不但會結冰，還會加速冰雪積壓。

遮蓋天線

當你逐項閱讀時，可能會想到更多想法。例如，現在可能有人想到設計遮蓋天線的方法，防止積雪。但請注意：遮蓋必須在天線上方，因此需要另外的固定設備，例如桿、塔或柱。此外，遮蓋勢必增加原始天線桿的重量。

捨棄天線桿

也許你會採取完全不同的方法，完全放棄天線桿，並利用其他材料或工具，例如氦氣汽球或其他漂浮設備將天線定位在所需的高度。請務必相信我們，這個想法不可行。以天線的重量，沒有任何設備可以懸浮吊起天線，何況懸浮裝置要如何將天線固定在必要的高度？

我們蒐集到的完整清單裡還有幾項熱門構想，但是我們就此打住。雖然這些都是解決方法，也是最多人建議的方法，但是沒有一項有助於解決這個矛盾。每個想法都不錯，但無法解決特殊環境下的問題。

更重要的是，這些想法沒有一個真正具有創造性。實用與原創兼具的構想才能稱為有創造性。實用是實際解決問題的程度，原創是指建議的罕見性，少有人想到。可惜，大多數建議都不符合這兩項標準。

這個問題的難處何在？首先，天線桿必須穩固又輕量。從工程觀點而言，增加堅固性通常也會增加重量，要既穩固又輕盈顯然不可能，這也正好說明何以上述解決方法中沒有一個是重新設計天線桿。每個人都直覺認為，天線桿不可能同時符合這兩個相反的需求。但同樣地，矛盾是機會的線索，如果可以解決矛盾，就能找到真正具創造力的方法解決問題。

我們在此再次利用屬性相依，重施亞歷山大燈塔的故技（記住，如同第六章所述，屬性相依指對問題中兩項先前不相關的變數建立相依性）。這項技巧的優勢之一是應用在偽矛盾時，能立刻看到消除矛盾的方法。

現在，建立強度與時間間的相依性。「時間？」你可能會問，「時間不是這個問題的變數。」是的，沒錯。記住，我們定義這個問題的矛盾點是必須穩固與輕巧兼具。但進一步試想：這兩項需求（穩固與輕量）是否真的需要同時發生？不是，天線桿可以既穩固又輕巧，只是不是同時發生。

我們利用屬性相依發現微弱連結，識破我們的隱含假設：天線桿的重量與強度永遠維持不變。接下來，我們可以開始規劃解決方案。

這個隱含假設為何如此難辨？因為我們鮮少想到時間是變數。我們習慣認定世界和世界裡的問題固定不變。也許是因為我們都認同熱力學第二定律：時間是萬物永恆的部分。

時間在天線問題扮演重要角色，因為天線必須在特定時間內生產，並於稍後搬運至裝設現場，之後再實際安裝與配置。傳統設計中，天線桿的重量與強度並非時間的函數。若讓天線桿的重量成為時間的函數呢？何時我們確實需要堅固的天線桿？只有在冰雪中的時候。其他時間，我們允許（同時喜愛）輕巧（較脆弱）的天線桿。天線桿只需在冰雪地裡時穩固（重），組裝前讓士兵易於在山中攜帶。

現在，矛盾已不存在，但我們面對另外一個問題：如何設計一款天線桿，在士兵搬運至裝設地點之前很輕巧，但士兵裝設完畢離開後可變得更堅固？

士兵是否可能在離開前強化天線桿？也許可以，但是若需攜帶額外的器材，就會違反客戶關於輕巧以便攜帶的要求。若士兵不能額外搬運器材到現場，那麼他們就必須利用現場的資源。很好，解決方案仍在我們的封閉世界內。

在安裝現場所有可用資源中，哪些可在士兵離開前強化天線桿？材料必須就在天線桿附近，並可以完美抵抗冰雪及強風的壓力；記住，現場沒有人可以調整或維護設備。

所以，現在還有哪些材料可用？除了空氣和土壤，裝置現場唯一取之不盡的正是冰雪。士兵能否建置讓冰雪同時在天線與天線桿累積的裝置？能否有當冰雪累積時可讓天線桿更堅固的裝置？若可找到方法達到此目標，即創造了一項罕見、原創且驚人的突破。

事實上，工程人員就是這麼做。他們讓天線桿的表面粗糙而非光滑，好讓冰雪更容易附著。冰是自然界中最堅固的物質之一，冰層達二十英吋厚時，重型坦克車可在冰面上行走。我們可以合理假設圖7.3中冰封的天線桿足夠堅固，足以承受負載冰雪的天線重量。

多麼漂亮的解決方案！問題的來源（冰）也是解決方法的基礎！事實

上，這個問題的解答幾乎就是問題本身。而讓解決方案如此完美的關鍵，正是它利用問題封閉世界內可用的物質。

結論是以冰做為天線桿強化劑，這個解決方法不但少見，也具原創性，同時具簡練的美感。但是，真正富創造力的想法也必須符合實際，同時必須可行並符合成本效益。如果不可行或不符合成本效益，就必須放棄。儘管如此，在過程中最重要的是在轉念間擁有全新的想法，思考、比較其他可能的解決方法，接著利用傳統的篩選程序，根據可行性、可靠性以及所需代價，判斷與評選所有可能的方案。

事實上，這正是框架內思考的重心：提供我們更多、更具創造性的選項。我們從未認為純然的創造性勝過一切，我們也必須考慮其他

圖7.3

因素，如同上述尋找可能方案的過程一樣。但是，透過創造各種選項，我們才能脫穎而出。

談判中的偽矛盾

所有問題解決範疇都存在矛盾。如先前所討論，系統性創新思考的技巧與原則適用於服務與產品，也可應用於創造性藝術、管理工具以及營運流程。任何可解析成各組件或變數的事物，都可以運用系統性創造思考。

對於我們尚未討論、但極為重要的管理情境：談判，也可以應用偽矛盾分析法。

談判策略（傑柯布的親身經驗）

當我第一次與蒂娜・妮爾（Dina Nir）博士碰面時，她剛展開她的學術生涯。妮爾堅決要說服我擔任她碩士論文的指導教授，論文題目是：談判中的系統性創造力。雖然我指導的研究生人數已超過我的負荷，而且對談判領域沒有涉略，我仍然答應與她見面。我只是禮貌答應，並無意擔任指導教授。

妮爾長得高挑亮麗，說話輕聲細語，一雙慧黠的明眸，態度熱情。她舉止沉著，言詞親和，敘述她對複雜談判的經驗，令我印象深刻。妮爾有一種天賦，即使她與你意見相左，仍然能贏得你的信任，「雙贏」是妮爾的代名詞。

直到現在我依然不知怎麼一回事，但我就是無法拒絕妮爾要求我擔任她的指導教授。我個人的談判技巧極差，大多數談判結束後，我常深感挫敗。這可能是我決定給妮爾一次機會的原因。

自從第一次見面後，她與我皆有許多改變。妮爾繼續完成博士班的學業；我從妮爾以及她的第二論文指導教授艾雅爾・毛茲（Eyal Maoz）博士學習到許多談判相關的知識。

多虧他們，本書才能討論在談判中尋找創意解決方案的系統性方法。

談判中，創造力是創造價值的重要元素，通常是將「固定的大餅」（談判者假設談判的目標固定不變，無法擴大，而且是零和賽局，即一方的利得必為他方的損失），甚或僵持不下的情境，轉化為對各方皆有利的雙贏局面。但是，如何在談判中發現、利用創造潛力，則是一大挑戰：設定目標很簡單，最難的多半在於執行。

然而，由於現今商業世界的動態本質，以及組織內部與組織之間人員的相存相依程度愈來愈高，談判已成為日常生活的一部分，儼然成為管理與領導的核心技巧。相互依存的各方共同決定分配稀有資源的方式時，就需要談判。在工作場合中，不斷透過談判達到目標，包括如期完成工作、建立團隊共識或行銷產品。因此，少有人能夠不需基本談判技巧而在談判中倖存。

系統性創新思考與封閉世界對談判而言相當重要，因為在談判過程中能夠創造性思考的主管更可能成功地化解衝突，同時也更有能力拓展機會，並達到個人與組織的成功。

然而，許多談判者卻甘於徒勞無益的妥協，未曾想到創造性的解決方法。他們假設各方權益非不相容即相互對立，但實際上這些權益可能在許多方面是緊密相依。許多人在「固定的大餅」的假設前提下進行談判，視談判是零和或輸贏一翻兩瞪眼的局面。例如離婚律師通常視資產為固定金額，以對客戶有利的條件協商資產的分配。這種競爭式的思考抑制了創造性的解決問題方法。所有談判者過於習慣雙輸的妥協。研究顯示，甚至連真誠想解決衝突並建立長久的關係談判者，都可能落入這個陷阱。

多年來，深具經驗的談判者已歸納出提升創造性解決問題的策略。妮爾博士研讀談判文獻，研究雙贏的解決方案，幾乎所有雙贏方案都是利用化解偽矛盾的方式而得。

以下舉出數個基本的個案，說明系統性創新思考如何化解談判中的偽矛盾。我們不詳述個案中全部的複雜談判過程，而是點出如何在各種情境中解決偽矛盾。

佩奇維爾市市長與湯生石油公司（Townsend Oil）

佩奇維爾市的市長想對地方企業增加課稅，同時也想鼓勵產業擴張，提供新的工作機會，強化城市的經濟發展。在這項新政策下，當地一家煉油廠湯生石油公司（Townsend Oil）的年度稅額將從一百萬美元增加至兩百萬美元。目前湯生石油正考慮大舉翻修、擴建廠房，並鼓勵往來的塑膠工廠遷廠至附近地區，以降低成本。在增稅的威脅下，兩項計畫皆喊停。

你看出矛盾了嗎？恰如許多談判案例，這個案例中的矛盾相當容易辨識。市長希望制定新稅賦政策，以提高稅收，但是增稅的負擔將打擊地方企業發展與擴大營運的計畫，這是明顯的對立而相互關連的需求。

利用屬性相依技巧，雙方可以達成一致的協議。市長繼續實施增稅政策，但也同意給予新設企業七年的免稅期，並對選擇留下並擴大經營的現有企業提供減稅優惠。如此，佩市不但能鼓勵湯生石油擴廠，吸引新企業入駐當地，同時也可向沒有成長規劃的當地現存企業收取更多的稅收。

如同你在第六章所學，屬性相依技巧的運用是對兩項先前不相關的變數建立相依性。在這個特定個案中，地方稅率完全根據營收或獲利等一般經濟標準而定，以往諸如公司類型（新設或現存）或拓展計劃（現有或無計畫）等企業特性與企業稅負無涉。但在新構想下，有意擴張業務或投資本地的企業將負擔較低的稅負，其他企業則支付較高的稅額。

除了這項具體的解決方法，市政府也可以利用屬性相依技巧，調解城市與其企業間的其他衝突，達致正面成果。例如在湯生的稅率與雇用本地勞工人數之間，建立新的相依性（湯生雇用愈多本地居民，稅負愈低）；也可以在擴廠時間與免稅期限之間建立新的相依性（擴建速度愈快，免稅期間愈長）。

如先前所提，屬性相依是解決偽矛盾情境時最常用的技巧之一。在談判中，典型的雙贏解決方案超過八成都是採用屬性相依技巧化解問題。

保險經紀公司的新薪資方案

一家位於小鎮的獨立保險經紀公司老闆，想將部分員工自固定薪資制轉為底薪加績效獎金制時，他所遭遇的反彈令他大感吃驚。業務代表無法預期新制下的收入水準，因而對變動感到不安與懷疑。在報酬高低未明下放棄保障的固定薪資，似乎風險極高。

這個情境再次涉及兩種相關但對立的利益。經紀公司老闆喜歡新制，因為他認為新制可激勵業務人員更積極地追求新業務；但員工卻高度懷疑。這是真矛盾還是偽矛盾？我們探討如下。

通常我們從運用屬性相依技巧開始（一項需求改變，另一項需求也隨之改變），一如天線與燈塔的案例；或者利用分割法（以空間或時間切割爭議），一如柳橙的案例。但這次，我們試試加乘技巧（複製爭議問題，但加以改變），觀察此法如何提供新觀點以及可能的解決方法。

若我們複製薪酬計畫並稍加改變，也許可在不犧牲各方利益下，達到雙方最大的效益。老闆可以施行兩種薪酬方案，第一種為固定薪資制，第二種是底薪加績效獎薪制。該老闆讓所有員工維持舊制，同時記錄業務人員在新制下可獲得的報酬。如此一來，業務人員就能輕易比較兩種制度下的薪酬，並瞭解新制可以大幅提升所得。而老闆也可在員工實際轉換為新制之前，證明其所提出的新制度對員工較為有利。

保險經紀公司可利用加乘技巧獲得更多益處，該公司（需付出成本）可同時記錄三種、四種或更多的薪酬制度，並進行回溯比較，以找出有利於公司與業務代表雙方的最佳制度。

空間爭奪戰

大多數組織都覺得資源不足，無論是財源、人力、或是辦公室空間，大多數企業內部都為這些資源爭論不休。

以本案例中的顧問公司為例，兩個部門為了爭取近期清空的鄰近辦公室空間而對峙。雖然管理階層已決定讓兩個部門平分，但雙方都想要獨占全部空間。資訊科技部門長期用這個空間做為會議室，會計部門也亟欲用它儲藏過多的檔案。這個空間不夠大，一分為二供兩個部門同時使用，無法滿足個別部門的需求。

比起前述保險經紀公司的案例，本例的偽矛盾更易於辨識。兩項對立的需求因兩個部門同時爭取相同的空間而相互連結，能爭取更多空間的一方就是贏家，沒有爭取到的就是輸家。

本例的解決方法相當簡單，資訊部門為會計部門的檔案規劃新的「無紙化」儲存系統，會計部門則讓出空間給資訊部門。這是典型的雙贏局面。資訊部門獲得急需的會議室，而會計部門獲得有效、長期的方法，管理暴增的紙本檔案。

如同許多解決方案，兩個部門也都獲得額外的好處。會計部門將現有實體檔案轉入無紙化系統後，可重新規劃寶貴的空間；而資訊部門因建置提升會計部門員工生產力、符合成本效益的新系統而獲得公司的肯定；同時，兩個部門協議，會計部門可在資訊部門不需要時使用該會議室。

此案例的解決方法係採用簡化技巧中的取代功能。第一步移除問題空間的內在要素（會計部渴望新增存檔空間）。然而，這樣仍然無法解決會計部儲存所有檔案的空間需求，但是利用封閉世界內已存在的另一要素取代移除的要素（資訊部門建置無紙化歸檔系統的能力），兩個部門迅速因此達成協議。

善意收購

最後一個談判案例探討如後。有家公開發行的大型跨國企業，想要收購一家供應商，這家供應商為私人企業。大企業向供應商提出的報價為一千四百萬美元，然而供應商堅持，不考慮低於一千六百萬美元的價格。雙方都不願接受以一千五百萬美元成交（典型的雙輸妥協方案）。

此外，兩家公司對供應商的新高科技創業部門有不同看法。大企業認為創業部門在一千四百萬美元的報價裡最多值一百萬美元，但是供應商相信它所開發的產品深具潛力，認為該部門價值至少六百萬美元。

我們可以這麼表達這個案例裡的矛盾：大企業只願意支付供應商一千四百萬美元，但是供應商不接受低於一千六百萬美元的價格。

顯然，這個矛盾情境的衝突在於雙方對供應商的評價有落差，而這個落差又來自對創業部門的評價存有差異。要打破微弱連結的方法之一是將創業部門自談判中移除。

在最後的協議中，大企業同意以一千兩百萬美元收購不包含創業部門的供應商企業。從大企業的觀點來看，報價刪減兩百萬美元，以排除它估價僅值一百萬美元的資產，因此新報價實際上比原始報價還省一百萬美元。

供應商也樂於接受修正後的報價，這項合約保留供應商對創業部門的控制權（供應商認為創業部門值六百萬美元），同時剩餘部分仍有一千兩百萬美元的售價。

大企業與供應商之間的協議完美點出第二章所闡述的簡化技巧，將重要組件（包含該組件的所有功能）自問題中移除。本例中，把創業部門自收購交易中移除後，雙方達成對彼此都更具有價值的協議。只有移除這項組件，雙方才能獲利。

創新解答的「不妥協」原則

在前例中，折衷價格會引起雙方不快。

在穩固與輕巧兼具的天線一例中，工程人員也可以妥協，改造天線桿，讓它一方面達到剛好足夠的強度，另一方面雖然不致於過重，但也稱不上輕盈。這或許是有效的策略，卻不具創造力。一項能夠滿足起碼的條件但不具創造力的解決方案，會妨礙你尋求真正具創造力並有更多優勢的解決方案。妥協方案不但直觀，而且簡單明瞭，常會誘惑人們放棄追求更好的解決方案。

要在封閉世界內達成系統性創新，成功的關鍵在於絕不追求妥協。不要隨波逐流，反而要利用矛盾，找出眾人所忽略的想法。

我們並非想說服你，在現實世界裡，不要利用妥協達到最佳結果。我們從未主張，創造性解決方案絕對優於其他方法。但我們相信，一般的妥協不應和創造力劃上等號，否則，原本已隱晦的創新之路會更晦暗不明，而坐失獨特甚至打破格局的解決方案。

我們以圖解說明，在封閉世界內，創造力與妥協拉鋸的矛盾情境。以天線解決方案為例，如圖7.4所示，偽矛盾通常是在兩個極端間妥協的結果。

左側代表天線桿的堅固程度足以承擔最惡劣天候下的積雪重量；然而，天線桿這時將沉重到難以搬運。右側代表天線桿輕巧易於搬運至安裝地點，然而堅固程度卻不足以承擔積雪重量以及

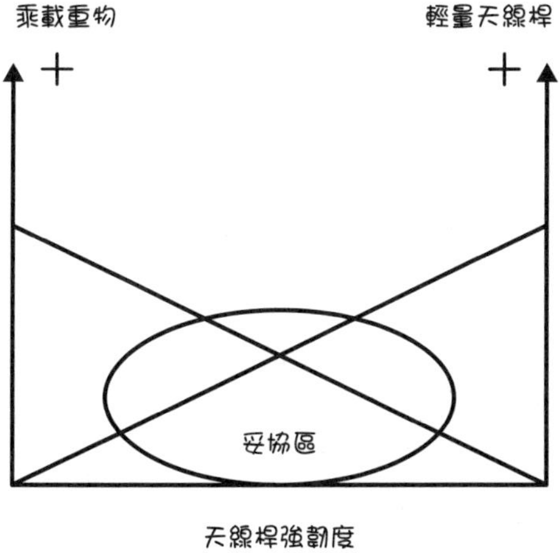

圖7.4

強風侵襲。

在圖中自左往右移動，天線桿強韌度漸減，重量也減輕，更易於搬運。中間的任何一點都是妥協，圖中以橢圓標示最佳的妥協區。

妥協絕對是一種解決方案，但這也正是它不具任何創造力的原因。如果一個概念（妥協）永遠存於任何類型的矛盾中，表示它必定直接了當，顯而易見。任何人都可以想到妥協辦法，因此不具創造力。

在亞歷山大燈塔的故事裡，建築師可以妥協，以極小的字母把他的名字刻在建物基座，降低國王發現的機會。但是如同所有的妥協方法，這樣只能滿足部分欲望：他得不到想要的的榮耀與讚賞，而他的生命依然存在某種程度的風險，因為要是國王真的發現了刻字，他能安然無恙嗎？

也許是好事，也許是壞事，人類天生就會尋求妥協，我們幾乎每天都在妥協。辦公室同事相約一起吃午餐，通常會挑選大多數人方便的時間，但不是每一個人都方便。一對夫婦尋找新房，會選擇剛好滿足個別基本要求的房子。選擇新筆記型電腦的螢幕尺寸時，我們會選擇符合預算且體積適合搬運等條件下最大尺寸的螢幕。

儘管此人類的天性會在我們的思維過程中出現，但我們須謹記，決定妥協時，兩項矛盾的對立需求都只能獲得部分滿足。但是，若我們能夠識別偽矛盾，就能發現並打破薄弱連結，以真正具創造力的突破性解決方案，完全滿足兩項需求。

以下講述另一個不屈服於妥協的矛盾個案，做為本章的總結。

堆疊儲物箱

一九九九年十一月，樂柏美（Newell Rubbermaid）正為新的移動式戶外置物設備構思最佳行銷策略。這項產品是一種堅固、抗天候的移動式容器，可儲放坐墊、枕頭以及屋主後院的其他家具配件。樂柏美對這項產品寄予厚望。

該容器由顧客自行組裝，因此必須夠輕巧，以便顧客從車上搬運至後院或其他置放地點；它同時必須夠堅固，足以抵擋強風吹倒或在後院翻滾。

這個矛盾相對上較容易解決，同時也很類似天線個案中要求穩重和輕盈兼具的情境。我們特意挑選這個個案，讓你瞭解解決偽矛盾並不難。你下一次遭遇的偽矛盾，情況可能不同，但是你可以利用完全相同的思維模式得到解決方法。

這兩個案例中（天線與儲物容器），兩項矛盾的需求藉由相同的變數（重量）相連結。同時，這兩個個案裡，薄弱連結是時間，打破連結，偽矛盾即消逝無蹤。

如同天線，理想的解決方法是讓問題的來源（風）成為解決方法的資源。要是風可以提供必要的重量（或更確切地說，提供所需的能量與壓力），讓儲物容器固定在地面，你不得不承認，這個解決辦法就太完美了！可惜，這只是理論。實際上，要打造這樣的系統，費用恐怕遠遠高於容器本身。

然而，別氣餒，如先前所言，封閉世界裡蘊藏豐富的資源。本例中，除了風以外，還有其他資源可用來解決問題。

樂柏美召集工作小組，利用系統性創新思考，設計了兩個獨立組件，以解決問題。他們將產品分為兩個組件：儲存容器以及基座。為確保基座易於搬運且安裝後穩固，他們製造出中空的基座，放置於層板或院子後，可注入水或填充土壤（你看出任務統合技巧的運用嗎？）樂柏美著眼於矛盾，為極簡易的產品注入創新的元素。

愛上矛盾

本章有許多範例不同於前幾章常見的商業情境，在此提出另一項關鍵差異：本章範例在確認問題後，通常以破除偽矛盾解決問題。

從第二章至第六章，我們還不知道要解決什麼問題，只是單純想創新。但是，面對難題時，確認並打破偽矛盾即可能成為將問題轉化為優勢的途徑。

在瞭解大多數矛盾並非像表面一樣難解後，現在，當你遭遇挑戰時，就可以開始積極找尋矛盾，利用本章技巧，解決每日面對的問題。當你發現矛盾時，一定會開始接納矛盾，甚至愛上矛盾。若真如此，你對盒內思考的瞭解又躍升了一大步。

第八章／結語

我們形塑工具，工具造就我們。

—— 馬歇爾・麥克盧漢（Marshall McLuhan）

為美國國防部開發模擬裝置與訓練計畫的羅傑・史密斯（Roger Smith）博士曾於二〇〇八年的一篇論文中沉思：「二十世紀最偉大的發明是什麼？」會是發明創新方法嗎？

我們也很好奇。畢竟，全世界企業組織的領導人表示，這是他們心之所欲。是什麼原因讓他們裹足不前？為什麼企業組織高度讚揚創新，卻不願意投資？

寶僑公司前執行長大衛・迪基利奧（David DiGuilio）於二〇〇七年創新領導優勢聯盟（Leading Edge Consortium on Innovation）的開幕致詞中，援用「西裝領扣智慧」（參見圖8.1），可悲但傳神地點出許多人的心態：他們想要創新與改變、卻不願意承擔風險。

我們在創新會談過程中，常問資深管理人員兩個問題：一是「從一分到十分，您認為創新對貴公司成功的重要程度是幾分？」二是：「從一分到十分，您對貴公司創新水準的滿意度是幾分？」

不令人意外地，他們對創新重要性的評分相當高，通常達九至十分，這個結論放諸四海皆準，沒有人會質疑，創新是組織成長最重要的泉源。

但是，第二個問題的評分結果，我們感到驚訝。無一例外，大多數資深主管的滿意度都低於五分，同樣地，這個結果也是世界各地、各個產業皆然。我們總是要聽眾注意這個差異：何以企業領導人如此重視創新，卻對其組織的表現如此不滿意？畢竟，他們是這些公司的高階主管，想必擁有權力、資源、專業與個人抱負以及管理技巧可以縮小此差異，比起組織中其他任何人，他們可能擁有更多的資源，可以做出所需的改變、提升創新。但他們卻是天人交戰，舉棋不定。

前進之路

本書的目標之一是挑戰這項有關創造力的最大迷思：創意需要跳脫框架思考。閱讀本書至此，希望現在你相信框架內思考是可行的。毫無章法的胡思亂想很少能發揮創造力；相反

圖8.1

地，我們希望鼓勵你在框架內思考創新，並且相信具高度創造力的解決方案，通常就隱身在現有產品、服務或環境內。

我們不認為創造力有什麼了不起，也不相信創意是與生俱來就有或沒有的天賦。我們相信，創造力是任何人都能學習並掌控的技巧。創造力與我們在商場上或人生中所習得的其他技巧並無不同。如同其他技巧，創造力也是熟能生巧。本書將揭開藏身在你面前美好世界的面紗：眾所皆知的框架內世界。

透過系統性創新思考，你可以利用人類數千年來所使用的思考模式，明瞭如何在封閉世界的限制內利用五種技巧應用這些模式，也擁有利用新思考方向解決每日問題與矛盾的工具，同時在需要時創新，這是前進之路。

框架內思考並非僅供商業專業人士或工程人員使用。創造力的高低並不重要。無論你是建築師、四年級生、家庭主婦、或患有唐氏症的高中生，這些技巧都能提升創造力，無論起步點或早或晚，在生活周遭應用這套方法，都能讓你更具創造力。

我們希望，任何領域內的任何人，都能在私人生活或專業生涯有機會接觸這套方法。我們希望示範運用大腦的不同方式，產生你從未想像過的創新。

切記，單純想像創造性想法是不夠的。創造力是產生新穎構想，並化構想為有用的事物。系統性創新思考是一套全面建立組織內創新文化的方法，其核心包含引導發想並為構想創造附加價值的五大技巧以及重要概念，這也是本書的核心所在。

如同任何其他工具，這些創新技巧必須正確應用，才能得到良好結果。根據我們的經驗，一開始使用系統性創新思考時會感覺有些怪異，特別是當你第一次對產品或服務套用其中一種思考模式時。大多數人一開始使用各技巧時，會感覺不自在。每項技巧依據設計的不同，都會產生怪異或看似不合理的組構。如果你一開始沒有怪異的感覺，很可能代表你沒有正確應用該模式。讓各工具發揮原本預設的功能，並學習接納從未想過的高度新奇結構與組合。

熟能生巧

現在你已經學到框架內思考法，可以開始運用。學習任何新技巧時，只依賴閱讀或觀看他人操作是不夠的，你必須身體力行，一次次地嘗試、反省、調整並改進。提升創新技巧的方法之一是心理模擬創新技巧的使用。奇普（Chip）與丹恩・希斯（Dan Heath）在所著《創意黏力學》（*Made to Stick*）一書中談及，解決問題與建立技巧時，心理模擬的重要性：「一項針對三十五份研究、涉及三，二一四位研究參與人員的文獻探討顯示，單獨進行心理練習，也就是靜坐冥想自己從頭到尾成功執行任務，可顯著提升績效。經過大量練習，自然可以看見成效。總之，單獨心理練習的效益，是實際身體力行的三分之二。」

你應該利用心理模擬技巧提升對系統性創新思考的掌控能力。藉由心理模擬技巧，你可以建立某一事件或一系列事件的心理圖像。我們在日常生活中隨時都在這麼做：在心裡模擬駕車到日用品店、與主管對談或揉背等，讓我們對即將發生的事務做好準備。心理模擬技巧也可用於練習你所進行或希望學習的活動，例如創造新構想。

試試以下方法，利用心理模擬強化你的創新技巧：

觀察新奇的想法

記錄一天中所見到新奇有趣的事物，並試著想像如何產生這些想法，當某事讓你發覺「我怎麼沒想到？」時要格外注意，例如可一刀將香蕉切為數小段的新廚房工具。尋找五種模式中可解釋該創新的技巧，若你可識別出所運用的模式，嘗試以心理模擬技巧使用該模式，創造出新物件。從揣想組件清單開始，接著選擇可能導向創新的要素。

隨機挑選物件

在周遭尋找平凡事物，並試著以心理模擬的方式應用創新工具。例如，選擇一瓶番茄醬或一個信箱。同時觀察郵件遞送或擦鞋等服務，然後在心裡按部就班地想像如何利用某項技巧。你如何讓該些產品或服務更好？

隨機挑選技巧

隨機挑選五大技巧其中一項，並想像針對目前正在進行的活動使用該模式。舉例而言，若你在機場通過安檢程序，想像利用屬性相依技巧建立你周遭兩項獨立變數之間的連結。如果排隊等候時間會因安檢人員的經驗而不同，是否能設置一條經驗老到的安檢人員專門通道，並收取額外費用（因為節省時間）？或是該通道能否保留給通過安檢時需要更多時間的人士，例如攜帶幼童的父母？或是想像利用任務統合技巧：讓旅客也肩負篩檢其他旅客的任務，而這又該如何運作？有哪些好處？哪些人可能想要此創新？

創造力是一種認知導向工作，在不熟悉、隨機的情境中模擬這項工作，可以累積你在真實情境中所需的「創新實力」（innovation muscle），熟即能生巧。

個人使用這些技巧時成效良好，但是在團隊合作時，這些技巧更能發揮更多潛力。對於現今企業面臨的複雜挑戰，難以單純依賴個人能力達到創新。因此，系統性創新思考法演進為一套技巧與機制，可以建構適當的脈絡和條件，在團隊裡運用模板。我們希望分享這些模板與ＳＩＴ，最後建立創新的文化。

改變是好事，要一馬當先

隨著練習並精進你的創新技巧，我們希望你能夠與他人利用這套方法創造有價值的新想法、產品、流程以及服務。人類歷經數千年形塑出解決日常問題的工具，現在這些工具就在你手中，透過適當運用，可為你及你的組織開創前所未有的創造潛力。

後記

中學生的創新課（德魯的故事）

我就讀七年級的兒子要求我擔任他學校的志工爸爸，提供富趣味性的非學術教學，例如溜直排輪、烤餅乾等。我致電學校，詢問是否可以教授一門名為「如何成為發明家」的課程。當時我已在各種創新研討會上教授系統性創新思考，大約有四年的經驗，因此我自信可提供孩子一堂有趣又有用的課。

但讓我吃驚的是，學校行政人員居然說不要。

我瞠目結舌，無言以對。我以為學校會願意接受迷你的創造力課程，於是我詢問原因，他們堅決認為創意教不來，不可能把任何人（尤其是兒童）教成發明家；他們擔心這項課程會設立過高的期望，而「傷害孩童幼小的心靈」。如同大多數人，這些行政人員侷限於「創造力不是每個人都有的天賦」的這種思維中。

經過漫長的討論，學校最後同意我開課，有十名學童報名，全部是七年級與八年級生。課程一共五週，每週一小時，我教他們的內容與你在本書中所學的一模一樣，除了特別針對孩童的興趣而特別挑選案例之外，教導方式都與教導成人相同。

最後一堂課是「期末考」，每個孩童到黑板前，我給每個人一項常見的家庭用品：衣架、手電筒、手錶、鞋子等，任何孩童都不需要有關該物品的其他知識。接下來的三十分鐘，每名孩童需將課堂上所學的五種創新技巧之一應用於手中的產品，他們的目標是把它改造為全新的發明、在黑板上畫出新產品，並說明自己如何運用該項技巧創造新產品。

七年級的摩根第一個做簡報，她拿到的指定物品是衣架，是簡單、無移動功能的單件設備。這項測驗讓大多數人望而生畏，因為衣架似乎太簡單、太平凡，難以有所創新。但是這一點難不倒摩根。她利用屬性相依技巧（第六章），發明了一個依據衣物尺寸大小及重量而可以向上、向下或向兩旁延伸的衣架。

接著是妮可，她拿到的是向我妻子借來的白色Keds運動鞋。她也運用屬性相依技巧，創造出鞋底可以配合使用者活動或天候狀況的運動鞋。她說：「我發明的運動鞋，鞋底可根據你的活動而改變，例如跳舞或打保齡球，也可以根據天候而變化，例如下雨或下雪。」這項發明與摩根的發明一樣，新穎、有用、令人驚艷。

孩子們一個接著一個上台報告，他們利用系統性創新思考提出新發明。我感到相當欣慰，沒有傷害任何幼小的心靈。

課程結束時，我辦了結業典禮，頒發證書給學生，宣布他們正式成為發明家，將為世界創造許多新奇、了不起的發明。孩子的臉上綻放著燦爛的笑容（我也是）。

課程結束，該是我準備離開的時候（至少當時我是這麼認為）。當我步出教室走在走廊時，轉頭發現孩子跟著我。我加快腳步，因為想趕快回家，孩子也跟著加快腳步，而且維持與我相同的速度，然後妮可（這時已幾乎是跑步的狀態）大喊：「德魯、德魯！我又有了一個新想法：一雙會隨著你的腳長大而跟著變大的鞋子！」

妮可和其他人都還沒「關機」！即使課程已經結束，他們小小的心靈仍然

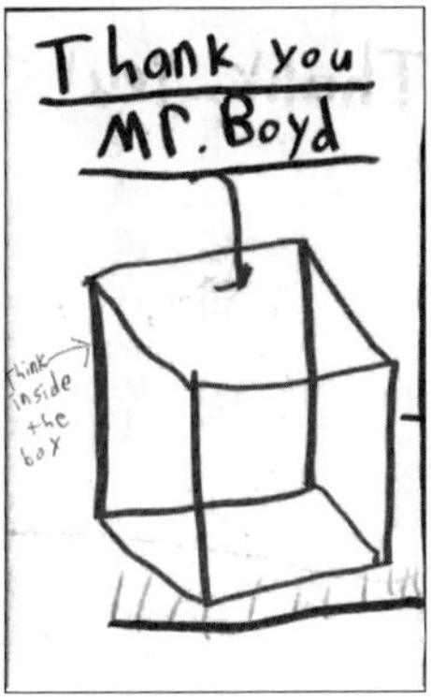

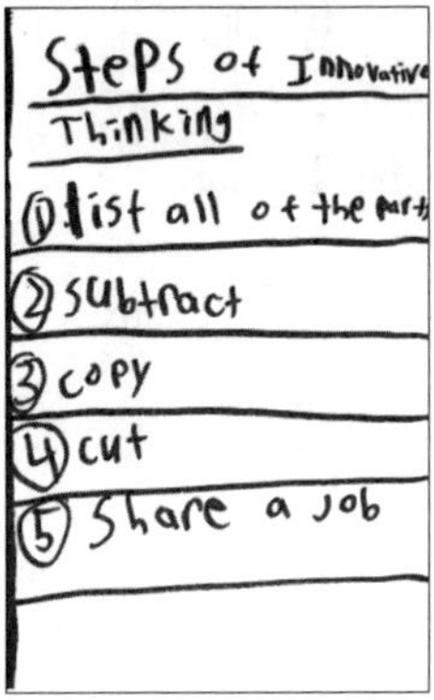

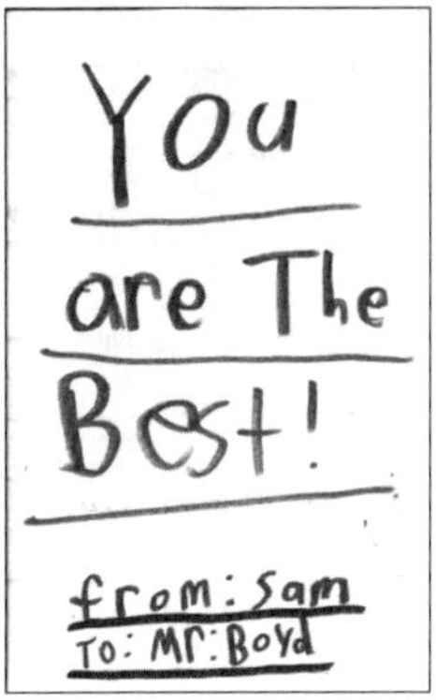

謝謝你！

博依先生

框架內思考

創新思考步驟

1. 列出所有要素

2. 減去

3. 複製

4. 減掉

5. 分擔工作

你最棒！

山姆

致：博依先生

在運轉思考著。

自此以後，我便在辛辛那提懷俄明市立學校內開課，教導三年級與四年級的學生。一次在教授加乘技巧時，一位名叫山姆（Sam）的學生按部就班地練習。一如以往，我給每名學生一項實物當做創新功課，山姆拿到的是一把辛辛那提大學的鮮紅色雨傘。他很認真地設計出一把具有兩個把手的雨傘：其中一個把手的位置與一般雨傘相同，而另外一個把手則是在雨傘的上端、頂部之處（第四章加乘技巧）。依照我們的標準流程，我問山姆：「那麼，世界上有誰會想要一把底部有把手、頂端也有把手的傘呢？那有什麼好處？」

山姆想了一下，然後伸出他的手臂大喊：「喔，喔，我知道了！我知道為什麼有人會想要這種傘！」

我屏息聆聽。

山姆說：「如果強風把傘吹翻了，你只需要把傘轉個方向，用另一端的把手就可以繼續使用了！」

致謝

感謝五位超凡傑出的思想家對傑科布的鼓勵，並與傑科布協力合作。沒有他們，本書無緣問世。這五位分別是根里奇・阿特舒勒、羅尼・霍洛維茨、安農・勒瓦夫、大衛・馬祖爾斯基以及索林・索羅門。在此致上對他們的萬分謝意，他們共同的努力造就本書的誕生。

首先要感謝、同時也是最重要的是第七章中提到的根里奇・阿奇舒勒，早在我們涉足此領域的數年前，他便已提出系統性建立創造性問題解決方法的見解。他建立了創造性問題解決理論（Theory of Inventive Problem Solving）（按俄羅斯文首字母縮寫稱為TRIZ），對透過系統性方法達到創新影響深遠。

阿奇舒勒之所以受到推崇，是因為他將真正的創新自傳統、大多數屬於妥協的問題解決方案中區分而出。他問道：這些想法是否傳達任何訊息？我們是否可識別與確認創造的邏輯？若是，是否可教導人們使用此邏輯？他對工程解決方案模式的鑽研，激勵了傑科布將相同的疑問套用在高度創新產品與工程發明的模式上。

阿特舒勒是個充滿活力的人，造福全人類是他的畢生職志。我們閱讀過無數有關創造力的論文、書籍、與文章，包含學術性與實用性的文獻，但是尚未發現任何論述能超越阿奇舒勒的見解。沒有他，我們可能想不到任何你在本書內讀到的技巧。

第一章裡有關兩名工程師的爆胎歷險記，其中一名工程師是霍洛維茨，另一名正是傑科布。霍洛維茨是傑科布的同事中第一個發現並受阿奇舒勒激勵的人，他邀請傑科布加入他的一場探索系統性創新思考之旅。霍洛維茨是將阿奇舒勒的想法與學術書籍相結合的第一人，封閉世界原則是最後的結果：是對系統性創新思考的關鍵貢獻。但是霍洛維茨的貢獻遠超過此，他將一組高度艱澀的概念，轉化為條理清晰且可進行訓練的問題解決系統，讓更多人可認識與瞭解阿奇舒勒的成就。沒有霍洛維茨的努力、見解、想法以及早期對傑科布的私人引導與慷慨相授，本書所陳述的方法很可能無從成形。

同時我們要感謝安農・勒瓦夫。勒瓦夫是第二章內德魯創新試驗性計畫中的主角，同時他也在第四章（飛利浦ＤＶＤ故事）以及第四章寶僑公司的

NOTICEable故事）中出現。事實上，他是本書內外許多創新故事背後的主人翁，是另一位對系統性創新思考具有重大貢獻的人。他利用傑科布與霍洛維茨的理論與研究建立SIT的基礎，並召集小組自一九九六年起貫徹SIT。同時勒瓦夫也加入自己的原則與工具，並督導系統性創新思考的演變，自早期著重於模式的方法（如本書內所述）轉變為全方位的組織創新方法，是現今實務上普遍採用的方式（是我們欲在下一本書中闡述的概念）。透過此過程，勒瓦夫讓系統性創新思考成為人人可用、務實且精巧的方法。感謝勒瓦夫的貢獻、分享他的經驗、審查與校訂我們的手稿、以及在我們需要的時候隨時伸出援手。

在傑科布的學術生涯中有三位學術導師，沒有他們，傑科布不會涉足SIT研究，甚至這些研究可能完全都不會存在。大衛・馬祖爾斯基與索林・索羅門皆來自耶路撒冷希伯來大學，是傑科布博士論文的指導教授，他們接受傑科布為學生，相信其研究想法，並訓練他成為研究人員。本書中幾乎所有的科學研究工作皆是以傑科布與馬祖爾斯基及索羅門聯合發表的學術論文為基礎，此二人至今仍持續追蹤、鼓勵並指導傑科布。

第三位學術導師是來自哥倫比亞商學院的東恩・雷曼（Don R. Lehmann）博士，接受傑科布做博士後研究。傑科布視雷曼為第三個博士研究指導教授，同時慶幸至今仍與這三位指導教授一同進行研究專案。

我們要特別感謝阿奇舒勒的學生吉納迪・菲爾科夫斯基（Ginadi Filkovski），傳授霍洛維茨與傑科布有關TRIZ與工程問題解決方法。

基於創造力是關於人們讓世界更美好的行為，我們撰寫了這本書。很榮幸能夠訪問許多有趣又富有思想的人，或撰寫有關這些人的故事，同時在此肯定他們的貢獻，特別是本書內各個故事與個案的主角：帕特・溫奈曼（Patti Wuenneman）為嬌生公司的奉獻；史蒂芬・帕爾特醫師用心治癒他的病患；路易斯・馮・安博士及其博士生伊蒂絲・羅——為人類運算的開創新頁；傑夫・薩伯與羅伯・麥克基——採礦安全領域的專家，協助我們正確地觀察智利的礦難救援；格雷琴・勒布恩博士一致力於拯救授粉蜜蜂的數量；嬌生公司的麥克・古斯塔夫森——勇氣十足，與德魯一起進行系統性創新思考方法的試驗；丹尼爾・艾波斯坦（Daniel Epstein）對於在寶僑公司試驗框架內思考方法上具有先見之明；萊納・舒密特在BPW的創新成就；傑基・摩拉瑞斯（Jackie Morales）與哈里納・卡拉查克（Halina Karachuck）首先將本方法引進AXA Equitable；探索世界博物館（Discover World Museum）的麥克・阿蒙格特（Mike Armgardt）提供有關音樂家萊斯・保羅（Les Paul）的詳細資料；以及開普路工業公司（Kapro Industries, Inc.）的保羅・斯特內爾（Paul Steiner），他是早期SIT真正的信徒之一。部分故事中，我們未明指主角的姓名，但是我們仍感激該些公司允許我們分享有關其運用系統性創新思考方法的故事，特別是Villeroy & Boch、新秀麗、培生教育以及飛利浦電子。

數年前，傑科布與德魯各自思考獨立撰寫有關創新的書籍。德魯著重在企業觀點，而傑科布則重視理論的處理，更像是教科書，兩人皆知對方撰書的興趣，甚至同意在個別書中使用相同的術語，以免讀者混淆。一天當兩人正討論彼此的計畫時，傑科布向德魯說：「我們何不一起寫一本書就好？」德魯不加思索馬上說：「當然好！」傑科布臉上浮現一抹微笑，拿起電話撥打給在紐約雷文・格林柏格文學經紀公司（Levine Greenberg Literary Agency）的吉姆・雷文（Jim Levine）。大約三年前於二〇〇七年時，吉姆參觀過傑科布在哥倫比亞教授的創造力課程，當晚德魯是客座講者。課後，吉姆建議我們考慮合寫一本書，但當時我們只是一笑置之，認為以我們的行程計畫而言，那不切實際。但是吉姆埋下了種子，我們很幸運，留了吉姆的名片。

吉姆和他的團隊，包括凱莉・史芭克絲（Kerry Sparks）與貝絲・費雪（Beth Fisher）極力協助，沒有他們，我們無法完成。吉姆大大提升了我們向他人解說框架內思考方法的敘述能力，促使我們重新思考故事的鋪陳以及如何讓他人瞭解。我們原本的敘述太過抽象與理論論述，而吉姆協助我們以淺顯易懂的英文表達概念，他的指教與引導讓本書耳目一新。

吉姆介紹我們認識Simon&Schuster出版社，雖然有不少出版商表示對本書有興趣，但最後是由Simon&Schuster資深編輯鮑伯・本德（Bob Bender）取得本書的出版。當我們為第一次會談進行準備時，原本預期他會對我們長達五十三頁的提案計畫深入拷問，但是他只問了一個簡單的問題：「你們為什麼寫這本書？」鮑伯是個熱情、專業的人，同時對我們鼎力相助，最重要的是，他受框架內思考方法以及兩隻「白老鼠」所深深吸引，他對本專案的熱忱啟動了整個程序，提供精益求精的實際建議，讓本書更臻完善，我們銘感五內。

德魯感謝辛辛那提大學的克利斯・亞倫（Chris Allen）與凱倫・麥

克雷（Karen Machleit）、芝加哥大學德的亞特・米德爾布魯克斯（Art Middlebrooks）、以及密西根大學的克利斯提・諾德海姆（Christie Nordhielm）、馬他・達佩納巴倫（Marta Dapena-Baron）與傑夫・德格拉夫（Jeff Degraff）給予支持與鼓勵。德魯亦特別感謝他的朋友尤里・伯席克（Yury Boshyk）博士，數年來，伯席克博士提供德魯對世界各地許多企業聽眾測試、發展與琢磨創新概念的機會。最後，若沒有SIT裡勒瓦夫與其他許多人撥出時間訓練德魯實踐與教授此框架內思考方法，此專案將與德魯無緣。SIT是一家公司，同時也是思考的方法，對德魯的職涯以及其讓世界更美好的願景具有深遠的影響。

數年來，許多人問我們要如何教導他們的孩子應用框架內思考方法，這激勵我們尋找答案。感謝梅森市立學校、懷俄明市立學校的黛安・布利茲尼亞克（Dianne Blizniak）、休斯中心中學的帕姆・策爾曼（Pam Zelman）、以及艾蜜莉・達戈斯蒂諾（Emilie D’Agostino）給予我們機會，與各種年齡層的孩子分享創造思考方法，我們很高興遇見許多聰明的小天才，如山姆、摩根、妮可，特別還有萊恩，我們在SIT的朋友在這方面給予我們許多的支持，他們已撰寫一本有關創造性解決問題方法的童書。

感謝我們的寫作夥伴愛麗絲・拉普蘭特（Alice LaPlante），透過吉姆・雷文介紹我們認識，她整合兩隻「白老鼠」的寫作風格，提升本書的可讀性。德魯的企業式風格（簡短、枯燥又無味）與傑科布的學術風格（鉅細靡遺、峰迴路轉、且引人入勝）在她的揉合之下，轉化為條理清晰、豐富又有趣的內容。她為人謙遜低調，事實上她是史丹福大學的創造力寫作講師，同時也是得獎的小說作家。除此之外，她還是兩名固執的合著作者之間睿智的仲裁者，她不僅是我們的寫作夥伴，也是我們的老師。與愛麗絲合作的過程，讓我們成為更好的寫作者；而我們也教導她系統性創新思考方法做為回饋。我們很高興，她在她的下一部小說中運用了數項技巧。愛麗絲，謝謝妳！

傑科布的學術生涯中，在專業作家與編輯瑞尼・霍克曼（Renee Hockman）協助下寫過許多書籍與論文，瑞尼亦在撰寫本書的一開始協助雅客與德魯，傑科布特別感謝她持續的協助與支援。

我們也要感謝在整個過程中其他給予我們協助的人。當今社會科學領域中的知名學者丹・艾瑞利（Dan Ariely）是傑科布的朋友。多年來他主張應該出版框架內思考方法，接受一般大眾的檢驗，而非僅是隱身在學術與企業會議室內的知識。經過充分的時間醞釀以及接踵而來的壓力，傑科布終於明白艾瑞利是對的。艾瑞利指導傑科布如何為現實世界的人們撰寫書籍，給予我們最早的支持，指導我們如何準備撰書的提案計畫。接著，丹恩介紹傑科布與吉姆・雷文認識。安德烈・梅耶（Andrea Meyer）與迪克・貝利（Dick Bailey）協助寫作、編輯，並在一開始為整合我倆截然不同的寫作風格而激辯時提供意見。我們的插畫家戴夫・翰曼（Dave Hamann）與艾曼紐・湯豪（Emmanuel Tanghal）協助我們在文字敘述不足之處提供視覺上具體的呈現。

系統性創造思考公司（Systematic Inventive Thinking LLC）中許多天才提供他們個人的經驗、個案研究、說明與編輯建議，對我們鼎力相助。尤尼・史登（Yoni Stern）、伊第特・畢頓（Idit Biton）、努里特・夏爾夫（Nurit Shalev）、希拉・佩萊斯（Hila Pelles）、以及塔瑪・切洛基（Tamar Chelouche）在分享使用框架內思考方法的專業經驗、提供範例、以及安排與客戶會談上給予無比的助益。而其他大多數參與實作與教導系統性創新思考的ＳＩＴ講師與員工在客戶要求創新保密之下，而未能在本書內予以公開。在此我們要讚揚與感謝SIT全體人員向更多人傳播框架內思考方法的奉獻以及努力：阿迪・瑞雀斯（Adi Reches）、亞歷山大・卡茲（Alexander Kaatz）、亞歷山大・米爾頓伯格（Alexander Mildenberger）、阿爾弗瑞德・阿拉姆漢（Alfred Arambhan）、阿龍・哈里斯（Alon Harris）、阿密特・梅爾（Amit Mayer）、阿娜特・伯恩斯坦瑞區（Anat Bernstein-Reich）、安德列斯・瑞澤（Andreas Reiser）、艾維維特・羅辛格（Avivit Rosinger）、班帝克斯・波蘭茲（Bendix Pohlenz）、班奈帝科特・普羅（Benedikt Proll）、鮑茲・卡普蘇托（Boaz Capsouto）、卡蘿莉娜・雅薇拉（Carolina Avila）、戴娜・霍洛維茨（Dana Horovitz）、丹恩・澤梅爾（Dan Zemer）、迪柯拉・貝寧森（Dikla Beninson）、多夫・提比（Dov Tibi）、艾瑞茲・查力克（Erez Tsalik）、伊蒂絲・拉赫曼（Edith Lachman）、埃葉爾・艾維尼（Eyal Avni）、菲力克斯・馮・赫爾德（Felix von Held）、加布里爾・瑞奇特（Gabriele Richter）、希爾・基德隆（Gil Kidron）、格蘭特・哈利斯（Grant Harris）、古祖・夏烈夫（Guzu Shalev）、伊瑞絲・蕾恩溫德（Iris Leinwand）、茱莉亞・巴特（Julia Butter）、凱倫・雪曼（Karen Shemer）、里亞特・塔沃爾（Liat Tavor）、瑪

瑞拉・魯茲・莫瑞諾（Mariela Ruiz Moreno）、馬汀・拉賓諾維奇（Martin Rabinowich）、馬克西米利安・萊特邁爾（Maximilian Reitmeir）、梅・阿米爾（May Amiel）、梅拉・莫伊塞斯庫（Meira Moisescu）、麥可・羅基科亞隆姆（Michal Lokiec-Yarom）、麥可・瑪斯特巴拉克（Michal Master- Barak）、（已故）麥可・歇曼（Michael Shemer）、尼利・薩吉爾（Nili Sagir）、尼爾・高登（Nir Gordon）、努里特・科漢（Nurit Cohen）、努里特・舒密洛維茲・沃爾帝（Nurit Shmilovitz Vardi）、奧佛・艾爾賈得（Ofer El-Gad）、歐姆利・赫爾佐格（Omri Herzog）、歐姆利・林達（ Omri Linder）、歐爾・德・亞里（Or De Ari）、歐利・西古爾（Orly Seagull）、菲利浦・賈斯泰格爾（Philipp Gasteiger）、羅福・芮特勒（Ralph Rettler）、羅伯托・德・拉・帕娃（Roberto de la Pava）、羅賓・塔拉金史登（Robyn Taragin-Stern）、沙哈爾・賴瑞（Shahar Larry）、史利・亞戴尼（Shiri Yardeni）、史洛密特・塔莎（Shlomit Tassa）、西奈・高哈爾（Sinai Gohar）、塔爾・哈賴夫・伊戴爾曼（Tal Har-Lev Eidelman）、托比亞斯・賈汀伯格（Tobias Guttenberg）、湯姆・佩瑞斯（Tom Peres）、瓦蘇德瓦・瑞迪・阿基帕帝（Vasudheva Reddy

Akepati）、薇羅妮卡・瑞奇翠德（Veronica Rechtszaid）、耶爾・舒爾（Yael Shor）、與約亞夫・米姆藍（Yoav Mimran）。最後，感謝海姆・佩瑞斯（Haim Peres）與已故海姆・哈爾多夫（Haim Hardouf），兩位閱讀最初版的模式方法後，產生將該方法應用於廣告領域的規劃與願景，並擘劃與支援之後成立的SIT公司。

閱讀當今大多數書籍內的致謝詞時，你會發現許多作者感謝家人「對其著作過程的多所包容」，現在我們瞭解原因何在。在我們投入大量時間執行專案、同時在許多閒暇時候與辛辛那提市、耶路撒冷、帕羅奧多市及其他遠在他方的地點進行電話會議時，我們的家人，特別是妻子安娜（傑科布）與溫蒂（德魯）成了「寡婦」。感謝他們的包容，我們一定竭盡所能補償他們，或許這會是我們最具創造力的行動。

國家圖書館出版品預行編目(CIP)資料

盒內思考 / 德魯.博依(Drew Boyd), 傑科布.高登柏格(Jacob Goldenberg)合著 ; 黃煜文, 鄭乃甄合譯. -- 第一版. -- 臺北市 : 遠見天下文化, 2014.05
面； 公分. -- (財經企管 ; 524)
譯自 : Inside the box : a proven system of creativity for breakthrough results
ISBN 978-986-320-466-4(平裝)

1.企業管理 2.創造性思考

494.1 103008924

財經企管 CB524

盒內思考
有效創新的簡單法則
Inside the Box: A Proven System of Creativity for Breakthrough Results

作者 — 德魯 · 博依（Drew Boyd）、傑科布 · 高登柏格（Jacob Goldenberg）
譯者 — 黃煜文、鄭乃甄

出版事業部副社長／總編輯 — 許耀雲
副主編／責任編輯 — 周宜芳
封面暨美術設計 — 周家瑤

出版者 — 遠見天下文化出版股份有限公司
創辦人 — 高希均、王力行
遠見 · 天下文化 · 事業群　董事長 — 高希均
事業群發行人／ CEO — 王力行
出版事業部副社長／總經理 — 林天來
版權部協理 — 張紫蘭
法律顧問 — 理律法律事務所陳長文律師
著作權顧問 — 魏啟翔律師
地址 — 台北市 104 松江路 93 巷 1 號 2 樓

讀者服務專線 —（02）2662-0012　傳　真 —（02）2662-0007；2662-0009
電子信箱 — cwpc@cwgv.com.tw
直接郵撥帳號 — 1326703-6 號　遠見天下文化出版股份有限公司

電腦排版 · 製版廠 — 立全電腦印前排版有限公司
印刷廠 — 柏皓彩色印刷有限公司
裝訂廠 — 聿成裝訂股份有限公司
登記證 — 局版台業字第 2517 號
總經銷 — 大和書報圖書股份有限公司　電話 — (02)8990-2588
出版日期 — 2014 年 5 月 29 日 第一版
2017 年 3 月 10 日 第一版第 2 次印行

定價 — 420 元
精裝版 ISBN：978-986-320-466-4
書號：CB524
天下文化書坊　bookzone.cwgv.com.tw

Believe in Reading

相信閱讀